甘肃省国家重点生态功能区县域生态环境质量监测评价与考核技术指南

甘肃省环境监测中心站　编著

中国环境出版集团·北京

图书在版编目（CIP）数据

甘肃省国家重点生态功能区县域生态环境质量监测评价与考核技术指南/甘肃省环境监测中心站编著. —北京：中国环境出版集团，2019.9

ISBN 978-7-5111-4085-2

Ⅰ．①甘… Ⅱ．①甘… Ⅲ．①县—区域生态环境—环境质量评价—甘肃—指南 Ⅳ．①X 321.242-62

中国版本图书馆 CIP 数据核字（2019）第 191309 号

出 版 人	武德凯
责任编辑	曲 婷
责任校对	任 丽
封面设计	宋 瑞

出版发行　中国环境出版集团
　　　　　（100062　北京市东城区广渠门内大街 16 号）
　　　　　网　　址：http://www.cesp.com.cn
　　　　　电子邮箱：bjgl@cesp.com.cn
　　　　　联系电话：010-67112765（编辑管理部）
　　　　　发行热线：010-67125803，010-67113405（传真）
印　　刷　北京建宏印刷有限公司
经　　销　各地新华书店
版　　次　2019 年 9 月第 1 版
印　　次　2019 年 9 月第 1 次印刷
开　　本　787×1092　1/16
印　　张　20.25
字　　数　400 千字
定　　价　90.00 元

编　委　会

前　言

　　国家重点生态功能区是指在水源涵养、水土保持、防风固沙、生物多样性维护、洪水调蓄等方面具有关键作用的区域，对维护国家或地区生态安全具有重要意义。我国政府一直非常重视对重点或脆弱生态区域的保护，先后制定发布了一系列规划。2000 年，国务院发布《全国生态环境保护纲要》（国发（2000）38 号），指出"江河源头区、重要水源涵养区、水土保持重点预防保护区和监督区、江河洪水调蓄区、防风固沙区和重要渔业水域等重要生态功能区，在保持流域、区域生态平衡，减轻自然灾害，确保国家和地区生态环境安全方面具有重要作用，对这些区域的现有植被和自然生态系统应严加保护，通过建立生态功能保护区，实施保护措施，防止生态环境的破坏和生态功能的退化"。2008 年，环境保护部、中国科学院联合发布了《全国生态功能区划》方案，该方案在分析区域生态特征、生态系统服务功能以及生态敏感性空间分异规律基础上，确定我国不同地域单元的主导生态功能；同时根据生态功能区对保障国家生态安全的重要性，以水源涵养、水土保持、防风固沙、生物多样性保护和洪水调蓄 5 类主导生态调节功能为基础，确定了 50 个重要生态服务功能区域。2010 年，国务院发布《全国主体功能区规划》方案，将国土空间划分为优化开发区、重点开发区、限制开发区及禁止开发区四类，国家重点生态功能区作为限制开发区的重要组成部分，列出了水源涵养、水土保持、防风固沙、生物多样性维护四种生态服务功能类型的 25 个国家重点生态功能区，同时确定了每个重点生态功能区包括的县域名单。按照《全国主体功能区规划》，国家重点生态功能区的功能定位是：保障国家生态安全的重要区域，人与自然和谐相处的示范区；以保护和修复生态环境、提供生态产品为首要任务，因地制宜地发展不影响主体功能定位的产业，引导超载人口逐渐有序转移。2016 年，国务院印发了《国务院关于同意新增部分县（市、区、旗）纳入国家重点生态功能区的批复》（国函〔2016〕161 号），文中同意新增纳入国家重点生态功能区的县（市、区、旗）名单，并提出：地方各级人民政府、各有关部门要牢固树立绿色发展理念，加强生态保护和修复，根据国家重点生态功能区定位，合理调控工业化城镇化开发内容和边界，保持并提高生态产品供给能力；地方各级人民政府要严格实行重点生态功能区产业准入负面清单制度，新纳入的县（市、区、旗）要尽快制定产业准入负面清单，确保在享受财政转移支付等优惠政策的同时，严格按照主体功能区定位谋划经济社会发展。

为落实《全国主体功能区规划》，财政部于2008年率先开展国家重点生态功能区财政转移支付，探索建立国家主体功能区限制开发区的生态补偿制度，制定了《国家重点生态功能区转移支付办法》，用以规范转移支付资金的管理、绩效及奖惩。截至2018年，国家重点生态功能区转移支付涉及29个省（自治区、直辖市）及新疆生产建设兵团的818个县（区、市），涉及甘肃省13个市州47县（区、是）和山丹马场。该项资金对国家重点生态功能区县级政府加强生态环境保护，切实维护好生态系统在水源涵养、水土保持、防风固沙、生物多样性维护方面的功能具有重要作用；同时该项工作具有明确的政策导向，给地方政府发出强烈的信号，保护生态环境不仅关乎国家整体利益，而且与自身利益紧密相关。

为评估国家重点生态功能区财政转移支付资金使用效果，环保部、财政部于2009年启动了国家重点生态功能区县域生态环境质量监测、评价与考核工作，以生态环境质量监测、定量化评价作为衡量转移支付资金使用效果的依据，建立了国家重点生态功能区转移支付绩效评估技术方法体系和业务化体系。随着国家生态环境管理形势需要以及生态环境质量监测、评价与考核的不断深入，环境保护部与财政部联合制定并印发了《关于加强"十三五"国家重点生态功能区县域生态环境质量监测评价与考核工作的通知》（环办监测函〔2017〕279号），用于指导"十三五"期间的国家重点生态功能区县域生态环境质量监测评价与考核工作。

本书整理了国家重点生态功能区保护及县域生态环境质量监测评价与考核工作的有关文件和要求，列出了认定的考核县域内的环境空气质量、地表水水质、集中式饮用水水源地水质达标率监测断面和污染源企业名单及有关信息，详细整理了考核系统数据填报规范、县级软件使用及市级数据审核系统操作规范，以便参与国家重点生态功能区县域生态环境质量监测评价与考核工作的管理和技术人员使用。本书分为四篇，共15个章节，第一篇为生态环境保护制度，共3个章节，由陆荫、李晓红编写；第二篇为技术文件，共5个章节，由陆荫、李晓红、张强编写；第三篇为技术方案，共4个章节，由陆荫、李晓红、杨青编写；第四篇为数据填报与审核软件使用指南，共3个章节，由陆荫、张强、杨青编写。

目　录

第一篇
生态环境保护制度

第 1 章
国家重点生态功能区县域生态环境质量考核办法

关于印发《国家重点生态功能区县域生态环境质量考核办法》的通知

（环发〔2011〕18 号）

各省、自治区、直辖市环境保护厅（局）、财政厅（局）：

为加强国家重点生态功能区生态环境质量的监测、评价与考核工作，依据《国家重点生态功能区转移支付办法》（财预〔2010〕487 号），环境保护部、财政部联合制定了《国家重点生态功能区县域生态环境质量考核办法》。现印发给你们，请遵照执行。

环境保护部

财政部

2011 年 2 月 14 日

附件：

国家重点生态功能区县域生态环境质量考核办法

第一章　总　则

第一条　为了考核国家重点生态功能区县域生态环境质量，根据财政部关于国家重点生态功能区转移支付的有关规定，制定本办法。

第二条　本办法适用于对水源涵养、水土保持、防风固沙、生物多样性维护、南水北调中线工程丹江口库区及上游等重点生态功能区县域生态环境质量的年度考核。

第三条　国家重点生态功能区县域生态环境质量考核（以下简称考核）坚持保护为主、逐步改善的原则，以引导加强生态环境保护和生态建设为目标，实行地方自查与国家抽查相结合的考核方式。

第四条　考核的基本依据是：

（一）国家关于环境保护和财政转移支付的相关方针、政策；

（二）相关行业标准及专业技术规范；

（三）相关的法律、行政法规和其他国家有关规定。

第二章　考核的内容和指标①

第五条　考核的内容包括县域环境状况和自然生态状况。

第六条　考核设置二级指标体系，具体指标设置见下表，并可根据实际情况进行调整。

指标类型	一级指标	二级指标
共同指标	自然生态指标	林地覆盖率
		草地覆盖率
		水域湿地覆盖率
		耕地和建设用地比例
	环境状况指标	SO_2 排放强度
		COD 排放强度
		固体废物排放强度
		污染源排放达标率
		III类或优于III类水质达标率
		优良以上空气质量达标率

---

①注：该指标体系在 2014 年进行了修订和完善，2015 年起使用新指标体系进行考核。

指标类型	一级指标		二级指标
特征指标	自然生态指标	水源涵养类型	水源涵养指数
		生物多样性维护类型	生物丰度指数
		防风固沙类型	植被覆盖指数
			未利用地比例
		水土保持类型	坡度大于15°耕地面积比
			未利用地比例

第七条　考核指标的解释和数据来源如下：

（一）共同指标中的自然生态指标由市县级人民政府相关部门提供。

1. 林地覆盖率，指标解释按照国家林业主管部门概念，数据由县级人民政府林业主管部门提供。

2. 草地覆盖率，指标解释按照国家农业主管部门概念，数据由县级人民政府农业主管部门提供。

3. 水域湿地覆盖率，指标解释按照国家水利、林业主管部门概念，数据由县级人民政府水利、林业主管部门提供。

4. 耕地和建设用地比例，指标解释按照国家国土资源、城乡建设主管部门概念，数据由县级人民政府国土资源、城乡建设主管部门提供。

（二）共同指标中的环境状况指标由县级人民政府环境保护主管部门提供，指标监测办法按照《国家重点生态功能区县域生态环境质量监测方案》进行。

1. 二氧化硫（SO_2）排放强度

指标解释：SO_2排放强度是指单位面积SO_2的排放量。

计算公式：SO_2排放强度=SO_2排放量/区域面积

数据来源：SO_2排放量来自地市级及以上环境保护主管部门对考核县年度SO_2排放总量的认定文件。区域面积由该县级国土资源主管部门提供。

2. 化学需氧量（COD）排放强度

指标解释：COD排放强度是指单位面积COD的排放量。

计算公式：COD排放强度=COD排放量/区域面积

数据来源：COD排放量来自地市级及以上环境保护主管部门对考核县年度COD排放总量的认定文件。区域面积由该县级国土资源主管部门提供。

3. 固体废物排放强度

指标解释：固体废物排放强度是指单位面积固体废物的排放量。固体废物是指在生产、生活和其他活动中产生的丧失原有利用价值或者虽未丧失利用价值但被抛弃或者放弃的固态、半固态和置于容器中的气态的物品、物质以及法律、行政法规规定纳入固体废物管理的物品、物质。包括工业固体废物、生活垃圾、危险废物。

计算公式：固体废物排放强度=固体废物排放量/区域面积

数据来源：固体废物排放量来自环境统计数据。区域面积由该县级人民政府国土资源主管部门提供。

4. 污染源排放达标率

指标解释：污染源排放达标率包括工业污染源排放达标率和城镇污水集中处理设施排放达标率。污染源主要是指县级以上重点污染企业，包括国控、省控、市控和县控的重点排污单位；城镇污水集中处理设施指县城、乡镇工业区、开发区等的污水集中处理设施。

计算公式：污染源排放达标率=达标排放的污染源数量/区域内污染源总数

数据来源：环境保护主管部门的环境监测数据。

5. 水质达标率

指标解释：水质达标率是指达到Ⅰ～Ⅲ类水质要求的断面占全部监测断面比例。数据来自环境保护主管部门的环境监测数据。

6. 空气质量达标率

指标解释：空气质量达标率是指县域城镇空气质量优良以上天数占全年天数的比例。数据来自环境保护主管部门的环境监测数据。

（三）特征指标中的自然生态指标由中国环境监测总站根据上报指标的数据综合计算得出。

1. 水源涵养指数（水源涵养类型）

上报指标：林地、草地及湿地面积。由县级人民政府林业、农业、水利主管部门提供。

2. 生物丰度指数（生物多样性维护类型）

上报指标：林地、草地、耕地、建筑用地的面积。由县级人民政府林业、农业、国土资源、城乡建设主管部门提供。

3. 植被覆盖指数（防风固沙类型）

上报指标：林地、草地、耕地、建设用地的面积。由县级人民政府林业、农业、国土资源、城乡建设主管部门提供。

4. 未利用地比例（防风固沙类型和水土保持类型）

上报指标：沙地、戈壁、裸土、裸岩等未利用地面积占县域面积的百分数。数据由县级人民政府国土资源主管部门提供。

5. 坡耕地面积比（水土保持类型）

上报指标：山区、丘陵地区耕地及坡度≥15°的耕地面积占县域面积的百分数。由县级人民政府农业主管部门提供。

第三章　考核的程序和结果使用

第八条　国家重点生态功能区县域生态环境质量考核由环境保护部负责组织实施。财政部对国家重点生态功能区县域生态环境质量考核的全过程进行指导和监督。

第九条　中国环境监测总站负责计算被考核县域与 2009 年相比的生态环境指标变化ΔEI 值。

第十条　县级人民政府负责本县生态环境质量考核的自查工作，编制自查报告。本县不具备环境监测能力的，应委托省级或者市级人民政府环境保护主管部门所属的环境监测机构进行监测。

省级人民政府环境保护主管部门对被考核县级人民政府上报的自查报告中的各项指标进行审查，提出审查意见。

第十一条　被考核的县级人民政府应当于每年 1 月底前，向所在地的省级人民政府环境保护主管部门报送自查报告。

省级人民政府环境保护主管部门应当于每年 3 月底前，将本省行政区域内县级人民政府的自查报告和审核意见，上报环境保护部。

第十二条　自查报告的内容包括：

（一）国家重点生态功能区县域生态环境质量考核指标汇总表；

（二）被考核县对上报指标与 2009 年指标比较情况的说明。

第十三条　中国环境监测总站负责对省级人民政府上报的材料进行技术审核，根据考核要求汇总计算考核得分，形成技术审核报告，于每年 4 月底前报环境保护部。

第十四条　环境保护部组织对各项报告结果进行抽查，抽查重点是与 2009 年度及上一年度有变化的指标、环境质量的相关指标等。抽查采用现场核查、不定期飞行监测、无人机监测等方式。

第十五条　县域生态环境质量考核工作所需费用，由各级财政部门列入年度预算。

第十六条　环境保护部应当于每年 5 月 30 日前，将编制完成的上一年度国家重点生态功能区县域生态环境质量考核报告提供财政部。财政部根据考核结果，对生态环境明显改善或恶化的地区通过增加或减少转移支付资金等方式予以奖惩。

第十七条　南水北调中线工程丹江口库区及上游地区的县域生态环境质量考核工作由环境保护部会同国务院南水北调工程建设委员会办公室依据此办法开展，涉及南水北调中线工程丹江口库区及上游地区的县域生态环境质量考核报告同时抄报国务院南水北调工程建设委员会办公室。

第十八条　本办法由环境保护部、财政部负责解释。

第十九条　本办法自公布之日起实施。

第 2 章
国家重点生态功能区转移支付办法

关于印发《中央对地方国家重点生态功能区转移支付办法》的通知

(财预〔2014〕92 号)

各省、自治区、直辖市、计划单列市财政厅（局）：

为维护国家生态安全，推进生态文明建设和公共服务均等化，规范转移支付分配、使用和管理，我们制定了《中央对地方国家重点生态功能区转移支付办法》。现予印发。

附件：中央对地方国家重点生态功能区转移支付办法

财政部

2014 年 6 月 9 日

附件：

中央对地方国家重点生态功能区转移支付办法

第一条　为维护国家生态安全，促进生态文明建设，引导地方政府加强生态环境保护，提高国家重点生态功能区等生态功能重要地区所在地政府基本公共服务保障能力，中央财政设立国家重点生态功能区转移支付(以下简称转移支付)。

第二条　转移支付对象包括：

（一）《全国主体功能区规划》中限制开发的国家重点生态功能区所属县（包括县级市、市辖区、旗等，以下统称县）；

（二）国务院批准的青海三江源自然保护区等生态功能重要区域所属县；

（三）《全国主体功能区规划》中的禁止开发区域。

本条第（一）、（二）项规定的对象统称为限制开发等国家重点生态功能区所属县。

第三条　转移支付资金按以下原则进行分配：

（一）公平公正，公开透明。选取客观因素进行公式化分配，转移支付测算办法和分配结果公开。

（二）分类处理，突出重点。根据纳入转移支付范围的区域生态功能重要性、外溢性等分类测算，重点突出。

（三）注重激励，强化约束。完善县域生态环境质量监测和资金使用绩效考核机制，根据考核结果进行奖惩。

第四条　转移支付资金根据区域生态功能重要性、外溢性等分类测算，选取影响财政收支的客观因素，适当考虑人口规模、可居住面积、海拔、温度等成本差异，按县测算，下达到省、自治区、直辖市、计划单列市（以下统称省）。

对限制开发等国家重点生态功能区所属县，中央财政按照标准财政收支缺口并考虑补助系数测算。其中，标准财政收支缺口参照均衡性转移支付测算办法并考虑中央出台的重大环境保护和生态建设工程规划地方需配套安排的支出等因素测算，补助系数根据财力状况、标准财政收支缺口情况、财政困难程度和生态功能的重要性等因素测算。

对禁止开发区域，中央财政根据各省禁止开发区域的面积和个数等因素测算，给予禁止开发区域补助。

对《全国生态功能区划》中不在限制开发等国家重点生态功能区范围内的其他重要生态功能地区和国务院批准的生态环境保护较好的地区，按照标准财政收支缺口并考虑补助系数适当给予引导性（奖励性）补助。

对根据《国家发展和改革委员会　财政部　国家林业局关于同意内蒙古乌兰察布市等13 个市和重庆巫山县等 74 个县开展生态文明示范工程试点的批复》（发改西部〔2012〕898 号）等文件开展第一批生态文明示范工程试点的市县，按照市级 300 万元/个、县级200 万元/个的标准给予生态文明示范工程试点补助。已经享受限制开发等国家重点生态功能区补助的地区不再享受此项补助。

第五条　各省转移支付应补助额按下列公式计算

某省国家重点生态功能区转移支付应补助额＝∑该省限制开发等国家重点生态功能区所属县标准财政收支缺口×补助系数＋禁止开发区域补助＋引导性（奖励性）补助＋生态文明示范工程试点补助。

当年测算转移支付数额少于上年的省，中央财政按上年数额下达。

第六条　财政部对省对下资金分配情况、享受转移支付的县的资金使用情况进行绩效考核，并委托环境保护部等部门对限制开发等国家重点生态功能区所属县进行生态环境监测考核，根据考核情况实施奖惩。有关办法另行制定。

对生态环境明显变好的地区给予奖励。对非因不可控因素导致生态环境明显变差和一般变差及发生重大环境污染事件的地区，予以约谈并给予惩罚。其中，生态环境明显变差和一般变差的县全额扣减转移支付，生态环境质量轻微变差的县扣减其当年转移支付增量。

各省实际转移支付额按下列公式计算：

某省国家重点生态功能区转移支付实际补助额＝该省国家重点生态功能区转移支付应补助额±奖惩资金

第七条　省级财政部门应当根据本地实际情况，制定省对下重点生态功能区转移支付办法，规范资金分配，加强资金管理，将各项补助资金落实到位。补助对象原则上不得超出本办法确定的转移支付范围，分配的转移支付资金总额不得低于中央财政下达的国家重点生态功能区转移支付额。

第八条　享受转移支付的地区应当切实增强生态环境保护意识，将转移支付资金用于保护生态环境和改善民生，不得用于楼堂馆所及形象工程建设和竞争性领域，同时加强对生态环境质量的考核和资金的绩效管理。

第九条　本办法由财政部负责解释。

第十条　本办法自印发之日起实行。《2012 年中央对地方国家重点生态功能区转移支付办法》（财预〔2012〕296 号）同时废止。

第 3 章
关于加强国家重点生态功能区环境保护与管理的意见

(环发〔2013〕16 号)

各省、自治区、直辖市、新疆生产建设兵团环境保护厅（局）、发展改革委、财政厅（局）：

为贯彻落实党的十八大关于建设生态文明和美丽中国的理念与精神，推进《全国主体功能区规划》《国务院关于加强环境保护重点工作的意见》实施，加强国家重点生态功能区环境保护和管理，增强区域整体生态功能，保障国家和区域生态安全，促进经济社会可持续发展，提出如下意见：

一、总体要求

（一）重要意义。国家重点生态功能区是指承担水源涵养、水土保持、防风固沙和生物多样性维护等重要生态功能，关系全国或较大范围区域的生态安全，需要在国土空间开发中限制进行大规模高强度工业化城镇化开发，以保持并提高生态产品供给能力的区域。加强国家重点生态功能区环境保护和管理，是增强生态服务功能，构建国家生态安全屏障的重要支撑；是促进人与自然和谐，推动生态文明建设的重要举措；是促进区域协调发展，全面建设小康社会的重要基础；是推进主体功能区建设，优化国土开发空间格局、建设美丽中国的重要任务。

（二）基本原则。坚持以科学发展观为指导，加快实施主体功能区战略，树立尊重自然、顺应自然、保护自然的生态文明理念，以保障国家生态安全、促进人与自然和谐相处为目标，以增强区域生态服务功能、改善生态环境质量为重点，切实加强国家重点生态功能区环境保护和管理。

坚持生态主导、保护优先。把保护和修复生态环境、增强生态产品生产能力作为首要任务，坚持保护优先、自然恢复为主的方针，实施生态系统综合管理，严格管制各类开发活动，加强生态环境监管和评估，减少和防止对生态系统的干扰和破坏。

坚持严格准入、限制开发。按照生态功能恢复和保育原则，实行更有针对性的产业准入和环境准入政策与标准，提高各类开发项目的产业和环境门槛。根据区域资源环境承载能力，坚持面上保护、点状开发，严格控制开发强度和开发范围，禁止成片蔓延式开发扩张，保持并逐步扩大自然生态空间。

坚持示范先行、分步推进。选择有典型代表性的不同类型国家重点生态功能区进行试点，探索限制开发区域科学发展的新模式，探索区域生态功能综合管理的新途径，创新区域保护和管理的新机制。

二、主要任务

（一）严格控制开发强度。要按照《全国主体功能区规划》要求，对国家重点生态功能区范围内各类开发活动进行严格管制，使人类活动占用的空间控制在目前水平并逐步缩小，以腾出更多的空间用于维系生态系统的良性循环。要依托资源环境承载能力相对较强的城镇，引导城镇建设与工业开发集中布局、点状开发，禁止成片蔓延式开发扩张。要严格开发区管理，原则上不再新建各类开发区和扩大现有工业开发区的面积，已有的工业开发区要逐步改造成低消耗、可循环、少排放、"零污染"的生态型工业区。国家发展改革委要组织地方发展改革委进一步明确国家重点生态功能区的开发强度等约束性指标。

（二）加强产业发展引导。在不影响主体功能定位、不损害生态功能的前提下，支持重点生态功能区适度开发利用特色资源，合理发展适宜性产业。根据不同类型重点生态功能区的要求，按照生态功能恢复和保育原则，国家发展改革委、环境保护部牵头制定实施更加严格的产业准入和环境要求，制定实施限制和禁止发展产业名录，提高生态环境准入门槛，严禁不符合主体功能定位的项目进入。对于不适合主体功能定位的现有产业，相关经济综合管理部门要通过设备折旧、设备贷款、土地置换等手段，促进产业梯度转移或淘汰。各级发展改革部门在产业发展规划、生产力布局、项目审批等方面，都要严格按照国家重点生态功能区的定位要求加强管理，合理引导资源要素的配置。编制产业专项规划、布局重大项目，须开展主体功能适应性评价，使之成为产业调控和项目布局的重要依据。

（三）全面划定生态红线。根据《国务院关于加强环境保护重点工作的意见》和《国家环境保护"十二五"规划》要求，环境保护部要会同有关部门出台生态红线划定技术规范，在国家重要（重点）生态功能区、陆地和海洋生态环境敏感区、脆弱区等区域划定生态红线，并会同国家发展改革委、财政部等制定生态红线管制要求和环境经济政策。地方各级政府要根据国家划定的生态红线，依照各自职责和相关管制要求严格监管，对生态红线管制区内易对生态环境产生破坏或污染的企业尽快实施关闭、搬迁等措施，并对受损企业提供合理的补偿或转移安置费用。

（四）加强生态功能评估。国家和省级环境保护部门要会同有关部门加强国家重点生态功能区生态功能调查与评估工作，制定国家重点生态功能区生态功能调查与评价指标体系及生态功能评估技术规程，建立健全区域生态功能综合评估长效机制，强化对区域生态功能稳定性和生态产品提供能力的评价和考核，定期评估区域主要生态功能及其动态变化情况。环境保护和财政部门要加大对国家重点生态功能区县域生态环境质量考核力度，完善考核机制，考核结果作为中央对地方国家重点生态功能区转移支付资金分配的重要依据。区域生态功能评估结果要及时送发展改革、财政和环境保护部门，作为评估当地经济社会发展质量和生态文明建设水平的重要依据，纳入政府绩效考核；同时作为产业布局、项目审批、财政转移支付和环境保护监管的重要依据。

（五）强化生态环境监管。地方各级环境保护部门要从严控制排污许可证发放，严格落实国家节能减排政策措施，保证区域内污染物排放总量持续下降。专项规划以及建设项目环境影响评价等文件，要设立生态环境评估专门章节，并提出可行的预防措施。要强化监督检查，建立专门针对国家重点生态功能区和生态红线管制区的协调监管机制。各级环境保护部门要对重点生态功能区和生态红线管制区内的各类资源开发、生态建设和恢复等项目进行分类管理，依据其不同的生态影响特点和程度实行严格的生态环境监管，建立天地一体化的生态环境监管体系，完善区域内整体联动监管机制。地方各级政府要全面实行矿山环境治理恢复保证金制度，严格按照提取标准收提并纳入税前生产成本，专户管理和使用，全面落实企业和政府生态保护与恢复治理责任。严禁盲目引入外来物种，严格控制转基因生物环境释放活动，减少对自然生态系统的人为干扰，防止发生不可逆的生态破坏。要健全生态环境保护责任追究制度，加大惩罚力度。对于未按重点生态功能区环境保护和管理要求执行的地区和建设单位，上级有关部门要暂停审批新建项目可行性研究报告或规划，适当扣减国家重点生态功能区转移支付等资金，环境保护部门暂停评审或审批其规划或新建项目环境影响评价文件。对生态环境造成严重后果的，除责令其修复和损害赔偿外，将依法追究相关责任人的责任。

（六）健全生态补偿机制。加快制定出台生态补偿政策法规，建立动态调整、奖惩分明、导向明确的生态补偿长效机制。中央财政要继续加大对国家重点生态功能区的财政转移支付力度，并会同发展改革和环境保护部门明确和强化地方政府生态保护责任。

地方各级政府要依据财政部印发的国家重点生态功能区转移支付办法，制定本区域重点生态功能区转移支付的相关标准和实施细则，推进国家重点生态功能区政绩考核体系的配套改革。地方各级政府要以保障国家生态安全格局为目标，严格按照要求把财政转移支付资金主要用于保护生态环境和提高基本公共服务水平等。鼓励探索建立地区间横向援助机制，生态环境受益地区要采取资金补助、定向援助、对口支援等多种形式，对相应的重点生态功能区进行补偿。

三、保障措施

（一）切实加强组织领导。各部门要加强组织管理和协调，编制重点生态功能区区域规划和生态保护规划，明确相应的政策措施、资金投入等要求。地方各级政府要加强组织领导，强化协调沟通，切实建立和完善生态保护优先的绩效考核评价体系，落实对辖区内重点生态功能区环境保护和管理的目标责任。

（二）完善配套政策体系。地方各级政府要建立健全有利于国家重点生态功能区环境保护和管理的各项政策措施及法律法规，统筹协调各类生态环境保护与建设资金的分配和使用，发挥各项政策和资金的合力，促进区域整体生态功能改善。地方各级发展改革、财政和环境保护部门要制定实施有利于重点生态功能区保护的财政、投资、产业和环境保护等配套政策，支持开展有利于重点生态功能区生态功能保护和恢复的基础理论和应用技术研究，推广适宜重点生态功能区的生态保护和恢复治理技术，加强国家重点生态功能区建设。

（三）加强监督评估工作。发展改革部门要加强对国家重点生态功能区建设整体进展成效的监督检查和综合评估工作。环境保护部门要建立健全专业队伍和技术手段，强化国家重点生态功能区生态功能专项评估和监管工作，并将评估与监管结果向全社会公布。有关部门要加强相互配合，相互支撑，形成合力。

（四）鼓励开展试点示范。国家发展改革委会同财政部、环境保护部等部门在不同类型的国家重点生态功能区中，选择一些具有典型代表性地区进行试点示范，指导地方政府研究制定试点示范方案，引导限制开发区域探索科学发展的新模式。国家从政策、资金和技术上对试点示范地区给予支持和倾斜，并及时总结经验，促进交流和推广，发挥试点示范地区在重点生态功能区建设方面的先行和导向作用。

国家发展改革、财政和环境保护等有关部门以及地方各级政府，要加强衔接协调，切实把实施主体功能战略、加强国家重点生态功能区保护和建设作为推进科学发展、加快转变经济发展方式的重大战略举措，进一步转变观念、提高认识、强化责任，贯彻落实好相关政策举措，提升区域整体生态功能水平，全面建设生态文明。

附件：国家重点生态功能区示意图

环境保护部

国家发展改革委

财　政　部

2013 年 1 月 22 日

附件

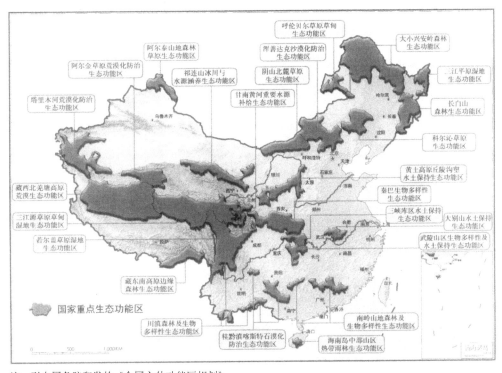

注：引自国务院印发的《全国主体功能区规划》。

国家重点生态功能区示意图

第二篇
技 术 文 件

第 1 章

关于加强"十三五"国家重点生态功能区
县域生态环境质量监测评价与考核工作的通知

(环办监测函〔2017〕279 号)

各省、自治区、直辖市环境保护厅（局）、财政厅（局），新疆生产建设兵团环境保护局、财政局：

为贯彻落实《环境保护法》和《生态环境监测网络建设方案》，"十三五"国家重点生态功能区县域生态环境质量监测、评价与考核工作，突出以生态环境质量改善为核心，坚持科学监测、综合评价、测管协同原则，为国家重点生态功能区财政转移支付提供科学依据，为国家生态文明建设成效考核提供技术支撑。现将有关事项通知如下：

一、监测评价指标体系

（一）补齐环境空气质量指标。落实《大气污染防治行动计划》，根据《环境空气质量标准》（GB 3095—2012），空气质量指标由原来的 3 项污染物（二氧化硫、二氧化氮、可吸入颗粒物）增加至 6 项污染物（二氧化硫、二氧化氮、可吸入颗粒物、细颗粒物、臭氧、一氧化碳）。

（二）完善水环境质量指标。落实《水污染防治行动计划》，按照"十三五"国家地表水环境质量监测要求，在涉水县域境内主要河流、湖库布设监测点位（含断面，下同），同时开展县城在用集中式饮用水水源地水质监测。

（三）新增土壤环境质量指标。落实《土壤污染防治行动计划》的有关要求，根据现行国家土壤环境质量标准和评价方法增加土壤环境质量指标。

（四）调整自然生态指标。紧密结合生态保护红线监管要求，在自然生态指标中增加生态保护红线内容，将原来的"受保护区域面积比"指标调整为"生态保护红线等受保护区域面积所占比例"指标。

（五）调整污染源方面的评价指标。将"污染源排放达标率""主要污染物排放强度"和"城镇污水集中处理率"3个技术指标调整为监管指标，并将"主要污染物排放强度"作为专项指标进行评价。

自本通知印发之日起，各地应按照《国家重点生态功能区县域生态环境质量监测评价与考核实施细则》（见附件1），组织开展国家重点生态功能区县域生态考核工作。

二、监测工作模式

（一）自然生态监测工作

自然生态监测由国家统一组织实施。

（二）环境质量监测工作

环境质量监测工作包括环境空气质量监测、水环境质量（含饮用水水源地水质）监测和土壤环境质量监测。

1. 环境质量监测点位全部为国控点位或省控点位。考核县域内环境质量监测点位除国控点位外，全部设为省控点位，由省级环境保护主管部门负责管理并组织监测。

环境空气质量监测点位除目前的国控点位外，其余点位全部设为省控点位。

依据《"十三五"国家地表水环境监测网设置方案》（环监测〔2016〕30号）进行调整的地表水水质监测点位按照国控点位管理，其余点位全部设为省控点位。县城集中式饮用水水源地水质监测点位全部设为省控点位。

土壤环境质量监测点位均为国控点位，由国家统一组织布设。

2. 环境质量监测工作组织方式。国控点位由国家组织监测。省控点位由省级环境保护主管部门组织监测，根据本地区实际情况确定监测方式，同时负责本行政区域内考核县域环境监测质量控制工作。

（三）污染源监测

省级环境保护主管部门应按照《生态环境监测网络建设方案》和《省以下环保机构监测监察执法垂直管理制度改革试点工作的指导意见》，统筹组织实施监测工作。

（四）现场核查工作

现场核查分为国家核查和省级核查两类。国家核查以现场抽查为主，由环境保护部统一组织。省级核查由省级环境保护主管部门会同省级财政主管部门组织实施，可采取问题导向核查或专项核查方式，每年开展重点核查。新增县域核查由省级组织实施，两年内完成。

自本通知印发之日起，各地应按照《国家重点生态功能区县域生态环境质量考核现场核查指南》（见附件2）要求，认真做好考核县域生态环境现场核查工作。

三、工作要求

（一）加强组织领导。各相关省（区、市）环境保护、财政主管部门要高度重视县域生态考核工作，建立部门联动机制，做好经费保障，确保考核工作顺利实施。同时，强化考核结果在财政转移支付、生态保护红线、国家生态文明建设示范区、国家生态文明试验区等保护绩效评估中的应用，将其作为推进国家生态文明建设的有力抓手。

（二）加强重点区域考核。根据考核县域生态功能类型、生态功能重要性实施精准考核，特别是对祁连山水源涵养功能区等"两屏三带"区域、福建省等生态文明试验区的县域要加大考核力度，严守生态保护红线，重点加强卫星巡查、无人机抽查、现场核查等日常监管工作。对自然保护区等禁止开发区监管不力、产业准入负面清单落实不到位以及主要污染物排放强度不降反升等情况，直接扣减转移支付资金，并予以查处。

（三）加强点位（断面）规范管理。省级环境保护主管部门要进一步加强对县域生态环境质量监测点位（断面）及重点污染源监测名单的管理。被考核县级人民政府不得擅自变更、调整或撤销监测点位（断面），否则监测数据视为无效。

（四）加强数据质量管理。严格按照法律法规和技术规范要求开展监测，对于故意篡改、伪造监测数据的行为，一经查实，依据《环境保护法》和《最高人民法院、最高人民检察院关于办理环境污染刑事案件适用法律若干问题的解释》严肃查处。

附件：1. 国家重点生态功能区县域生态环境质量监测评价与考核实施细则（试行）
2. 国家重点生态功能区县域生态环境质量监测评价与考核现场核查指南

环境保护部办公厅
财政部办公厅
2017年2月27日

附件 1

国家重点生态功能区县域生态环境质量
监测评价与考核实施细则

（试　行）

第一部分　总　则

为做好"十三五"国家重点生态功能区县域生态环境质量监测、评价与考核工作，为国家重点生态功能区财政转移支付提供科学依据，特制定《国家重点生态功能区县域生态环境质量监测评价与考核实施细则（试行）》。

国家重点生态功能区县域生态环境质量监测评价与考核指标体系包括技术指标和监管指标两部分（表1）。

技术指标由自然生态指标和环境状况指标组成，突出水源涵养、水土保持、防风固沙和生物多样性维护等四类生态功能类型的差异性。

监管指标包括生态环境保护管理指标、自然生态变化详查指标以及人为因素引发的突发环境事件指标三部分。

表 1　国家重点生态功能区县域生态环境质量监测评价与考核指标体系

指标类型	一级指标		二级指标
技术指标	防风固沙	自然生态指标	植被覆盖指数
			生态保护红线区等受保护区域面积所占比例
			林草地覆盖率
			水域湿地覆盖率
			耕地和建设用地比例
			沙化土地面积所占比例
		环境状况指标	土壤环境质量指数
			III类及优于III类水质达标率
			优良以上空气质量达标率
			集中式饮用水水源地水质达标率

指标类型		一级指标	二级指标
技术指标	水土保持	自然生态指标	植被覆盖指数
			生态保护红线区等受保护区域面积所占比例
			林草地覆盖率
			水域湿地覆盖率
			耕地和建设用地比例
			中度及以上土壤侵蚀面积所占比例
		环境状况指标	土壤环境质量指数
			Ⅲ类及优于Ⅲ类水质达标率
			优良以上空气质量达标率
			集中式饮用水水源地水质达标率
	生物多样性维护	自然生态指标	生物丰度指数
			林地覆盖率
			草地覆盖率
			水域湿地覆盖率
			耕地和建设用地比例
			生态保护红线区等受保护区域面积所占比例
		环境状况指标	土壤环境质量指数
			Ⅲ类及优于Ⅲ类水质达标率
			优良以上空气质量达标率
			集中式饮用水水源地水质达标率
	水源涵养	自然生态指标	水源涵养指数
			林地覆盖率
			草地覆盖率
			水域湿地覆盖率
			耕地和建设用地比例
			生态保护红线区等受保护区域面积所占比例
		环境状况指标	土壤环境质量指数
			Ⅲ类及优于Ⅲ类水质达标率
			优良以上空气质量达标率
			集中式饮用水水源地水质达标率
监管指标			生态环境保护管理
			自然生态变化详查
			人为因素引发的突发环境事件

第二部分 技术指标

一、自然生态指标

（一）林地覆盖率

1. 指标解释：指县域内林地（有林地、灌木林地和其他林地）面积占县域国土面积的比例。林地是指生长乔木、竹类、灌木的土地，以及沿海生长的红树林的土地，包括迹地；不包括居民点内部的绿化林木用地，铁路、公路征地范围内的林木以及河流沟渠的护堤林。有林地是指郁闭度大于 0.3 的天然林和人工林，包括用材林、经济林、防护林等成片林地；灌木林地指郁闭度大于 0.4、高度在 2 m 以下的矮林地和灌丛林地；其他林地包括郁闭度为 0.1～0.3 的疏林地以及果园、茶园、桑园等林地。

2. 计算公式：林地覆盖率=（有林地面积+灌木林地面积+其他林地面积）/县域国土面积×100%

（二）草地覆盖率

1. 指标解释：指县域内草地（高覆盖度草地、中覆盖度草地和低覆盖度草地）面积占县域国土面积的比例。草地是指生长草本植物为主、覆盖度在 5%以上的土地，包括以牧为主的灌丛草地和树木郁闭度小于 0.1 的疏林草地。高覆盖度草地是指植被覆盖度大于 50%的天然草地、人工牧草地及树木郁闭度小于 0.1 的疏林草地。中覆盖度草地是指植被覆盖度为 20%～50%的天然草地、人工牧草地。低覆盖度草地是指植被覆盖度为 5%～20%的草地。

2. 计算公式：草地覆盖率=（高覆盖度草地面积+中覆盖度草地面积+低覆盖度草地面积）/县域国土面积×100%

（三）林草地覆盖率

1. 指标解释：指县域内林地、草地面积之和占县域国土面积的比例。

2. 计算公式：林草地覆盖率=林地覆盖率+草地覆盖率

（四）水域湿地覆盖率

1. 指标解释：指县域内河流（渠）、湖泊（库）、滩涂、沼泽地等湿地类型的面积占县域国土面积的比例。水域湿地是指陆地水域、滩涂、沟渠、水利设施等用地，不包括滞洪区和已垦滩涂中的耕地、园地、林地等用地。河流（渠）是指天然形成或人工开挖的线状水体，河流水面是河流常水位岸线之间的水域面积；湖泊（库）是指天然或人工形成的面状水体，包括天然湖泊和人工水库两类；滩涂包括沿海滩涂和内陆滩涂两类，其中沿海滩涂是指沿海大潮高潮位与低潮位之间的潮浸地带，内陆滩涂是指河流湖泊常水位至洪水位间的滩地；时令湖、河流洪水位以下的滩地；水库、坑塘的正常蓄水位与洪水位之间的滩地。沼泽地是指地势平坦低洼，排水不畅，季节性积水或常年积水以生长湿生植物为主地段。

2. 计算公式：水域湿地覆盖率=［河流（渠）面积+湖泊（库）面积+滩涂面积+沼泽地面积］/县域国土面积×100%

（五）耕地和建设用地比例

1. 指标解释：指耕地（包括水田、旱地）和建设用地（包括城镇建设用地、农村居民点及其他建设用地）面积之和占县域国土面积的比例。耕地是指耕种农作物的土地，包括熟耕地、新开地、复垦地和休闲地（含轮歇地、轮作地）；以种植农作物（含蔬菜）为主，间有零星果树、桑树或其他树木的土地；耕种三年以上，平均每年能保证收获一季的已垦滩地和海涂；临时种植药材、草皮、花卉、苗木的耕地，以及临时改变用途的耕地。水田是指有水源保证和灌溉设施，在一般年景能正常灌溉，用于种植水稻、莲藕等水生农作物的耕地，也包括实行水生、旱生农作物轮作的耕地。旱地是指无灌溉设施，靠天然降水生长的农作物用地；以及有水源保证和灌溉设施，在一般年景能正常灌溉，种植旱生农作物的耕地；以种植蔬菜为主的耕地，正常轮作的休闲地和轮歇地。建设用地是指城乡居民地（点）及城镇以外的工矿、交通等用地。城镇建设用地是指大、中、小城市及县镇以上的建成区用地；农村居民点是指农村地区农民聚居区；其他建设用地是指独立于城镇以外的厂矿、大型工业区、油田、盐场、采石场等用地以及机场、码头、公路等用地及特殊用地。

2. 计算公式：耕地和建设用地比例=（水田面积+旱地面积+城镇建设用地面积+农村居民点面积+其他建设用地面积）/县域国土面积×100%

（六）生态保护红线区等受保护区域面积所占比例

1. 指标解释：指县域内生态保护红线区、自然保护区等受到严格保护的区域面积占县域国土面积的比例。受保护区域包括生态保护红线区、各级（国家、省、市或县级）自然保护区、（国家或省级）风景名胜区、（国家或省级）森林公园、国家湿地公园、国家地质公园、集中式饮用水水源地保护区。

2. 计算公式：生态保护红线区等受保护区域面积所占比例=（生态保护红线区面积+自然保护区面积+风景名胜区面积+森林公园面积+湿地公园面积+地质公园面积+集中式饮用水水源地保护区面积−重复面积）/县域国土面积×100%

（七）中度及以上土壤侵蚀面积所占比例

1. 指标解释：针对水土保持功能类型县域，侵蚀强度在中度及以上的土壤侵蚀面积之和占县域国土面积的比例。侵蚀强度分类按照水利部门的《土壤侵蚀分类分级标准》（SL 190—2007），分为微度、轻度、中度、强烈、极强烈和剧烈 6 个等级。

2. 计算公式：中度及以上土壤侵蚀面积所占比例=（土壤中度侵蚀面积+土壤强烈

侵蚀面积+土壤极强烈侵蚀面积+土壤剧烈侵蚀面积）/县域国土面积×100%

（八）沙化土地面积所占比例

1. 指标解释：针对防风固沙功能类型县域，除固定沙丘（地）之外的沙化土地面积之和占县域国土面积的比例。沙化土地分类按照林业部门荒漠化与沙化土地调查分类标准，分为固定沙丘（地）、半固定沙丘（地）、流动沙丘（地）、风蚀残丘、风蚀劣地、戈壁、沙化耕地、露沙地8种类型。

2. 计算公式：沙化土地面积所占比例=［半固定沙丘（地）面积+流动沙丘（地）面积+风蚀残丘面积+风蚀劣地面积+戈壁面积+沙化耕地面积+露沙地面积］/县域国土面积×100%

（九）植被覆盖指数

1. 指标解释：指县域内林地、草地、耕地、建设用地和未利用地等土地生态类型的面积占县域国土面积的综合加权比重，用于反映县域植被覆盖的程度。

2. 计算公式：植被覆盖指数=A×［0.38×（0.6×有林地面积+0.25×灌木林地面积+0.15×其他林地面积）+0.34×（0.6×高盖度草地面积+0.3×中盖度草地面积+0.1×低盖度草地面积）+0.19×（0.7×水田面积+0.30×旱地面积）+0.07×（0.3×城镇建设用地面积+0.4×农村居民点面积+0.3×其他建设用地面积）+0.02×（0.2×沙地面积+0.3×盐碱地面积+0.3×裸土地面积+0.2×裸岩面积）］/县域国土面积。其中，A为植被覆盖指数的归一化系数（值为458.5），以县级尺度的林地、草地、耕地、建设用地等生态类型数据加权，并以100除以最大的加权值获得；通过归一化系数将植被覆盖指数值处理为0～100之间的无量纲数值。

（十）生物丰度指数

1. 指标解释：指县域内不同生态系统类型生物物种的丰贫程度，根据县域内林地、草地、耕地、水域湿地等不同土地生态类型对生物物种多样性的支撑程度进行综合加权获得。

2. 计算公式：生物丰度指数=A×［0.35×（0.6×有林地面积+0.25×灌木林地面积+0.15×其他林地面积）+0.21×（0.6×高盖度草地面积+0.3×中盖度草地面积+0.1×低盖度草地面积）+0.11×（0.6×水田面积+0.40×旱地面积）+0.04×（0.3×城镇建设用地面积+0.4×农村居民点面积+0.3×其他建设用地面积）+0.01×（0.2×沙地面积+0.3×盐碱地面积+0.3×裸土地面积+0.2×裸岩面积）+0.28×（0.1×河流面积+0.3×湖库面积+0.6×滩涂面积）］/县域国土面积。其中，A为生物丰度指数的归一化系数（值为511.3），以县级尺度的林地、草地、水域湿地、耕地、建设用地等生态类型数据加权，并以100除以最大的加权值获得；通过归一化系数将生物丰度指数值处理为0～100之间的无量纲数值。

（十一）水源涵养指数

1. 指标解释：指县域内生态系统水源涵养功能的强弱程度，根据县域内林地、草地及水域湿地在水源涵养功能方面的差异进行综合加权获得。

2. 计算公式：水源涵养指数$=A\times$ ［0.45×（0.1×河流面积+0.3×湖库面积+0.6×沼泽面积）+0.35×（0.6×有林地面积+0.25×灌木林地面积+0.15×其他林地面积）+0.20×（0.6×高盖度草地面积+0.3×中盖度草地面积+0.1×低盖度草地面积）］/县域国土面积。其中，A为水源涵养指数的归一化系数（值为 526.7），以县级尺度的林地、草地、水域湿地三种生态类型数据加权，并以 100 除以最大的加权值获得；通过归一化系数将水源涵养指数值处理为 0～100 之间的无量纲标数值。

二、环境状况指标

（一）Ⅲ类或优于Ⅲ类水质达标率

1. 指标解释：指县域内所有经认证的水质监测断面中，符合Ⅰ～Ⅲ类水质的监测次数占全部认证断面全年监测总次数的比例。

2. 计算公式：Ⅲ类或优于Ⅲ类水质达标率=认证断面达标频次之和/认证断面全年监测总频次×100%

（二）集中式饮用水水源地水质达标率

1. 指标解释：指县域范围内在用的集中式饮用水水源地的水质监测中，符合Ⅰ～Ⅲ类水质的监测次数占全年监测总次数的比例。

2. 计算公式：集中式饮用水水源地水质达标率=饮用水水源地监测达标频次/饮用水水源地全年监测总频次×100%

（三）优良以上空气质量达标率

1. 指标解释：指县域范围内城镇空气质量优良以上的监测天数占全年监测总天数的比例。执行《环境空气质量标准》（GB 3095—2012）及相关技术规范。

2. 计算公式：优良以上空气质量达标率=空气质量优良天数/全年监测总天数×100%

（四）土壤环境质量指数

1. 指标解释：采用土壤环境质量指数（SQI）评价县域土壤环境质量状况。按照《土壤环境质量标准》（GB 15618—1995），计算每个监测点位的最大单项污染指数$P_{ip\max}$，获得对应的土壤环境质量评级，并将质量评级转换为土壤环境质量指数。

2. 计算公式：$\mathrm{SQI}=\sum\limits_{i=1}^{n}\mathrm{SQI}_i\Big/n$

式中：SQI_i为单个监测点位的土壤环境质量指数值，介于 0～100 之间；n为县域内土壤环境质量监测点位数量。

3. 计算方法：

基于单个监测点位的土壤最大单项污染指数计算公式如下：

$$P_{ip\max}=\mathrm{MAX}（P_{ip1}，P_{ip2}，\cdots，P_{ipn}）$$

式中，P_{ip} 为单项污染指数；n 为项目数，$P_{ip}=\dfrac{污染物实测值}{污染物质量标准}$。

表 2   土壤环境质量指数 SQI 计算方法

等级	$P_{ip\max}$	质量评级	SQI 阈值	SQI 计算方法
I	$P_{ip\max}\leqslant 1$	无污染	80～100	$100-20\times P_{ip\max}$
II	$1<P_{ip\max}\leqslant 2$	轻微污染	60～80	$80-20\times（P_{ip\max}-1）$
III	$2<P_{ip\max}\leqslant 3$	轻度污染	40～60	$60-20\times（P_{ip\max}-2）$
IV	$3<P_{ip\max}\leqslant 5$	中度污染	20～40	$40-10\times（P_{ip\max}-3）$
V	$P_{ip\max}>5$	重度污染	0～20	$25-P_{ip\max}$

三、评价方法

（一）评价模型

1. 县域生态环境质量状况值（EI）

县域生态环境质量采用综合指数法评价，以 EI 表示县域生态环境质量状况，计算公式为：

$$\mathrm{EI}=W_{\mathrm{eco}}\mathrm{EI}_{\mathrm{eco}}+W_{\mathrm{env}}\mathrm{EI}_{\mathrm{env}}$$

式中：$\mathrm{EI}_{\mathrm{eco}}$ 为自然生态指标值；W_{eco} 为自然生态指标权重；$\mathrm{EI}_{\mathrm{env}}$ 为环境状况指标值；W_{env} 为环境状况指标权重。$\mathrm{EI}_{\mathrm{eco}}$、$\mathrm{EI}_{\mathrm{env}}$ 分别由各自的二级指标加权获得。

自然生态指标值：$\mathrm{EI}_{\mathrm{eco}}=\sum\limits_{i=1}^{n}w_i\times X_i'$

环境状况指标值：$\mathrm{EI}_{\mathrm{env}}=\sum\limits_{i=1}^{n}w_i\times X_i'$

式中：w_i 为二级指标权重；X_i' 为二级指标标准化后的值。

2. 县域生态环境质量状况变化值（$\Delta\mathrm{EI}'$）

以 $\Delta\mathrm{EI}'$ 表示县域生态环境质量状况变化情况，计算公式为：

$$\Delta\mathrm{EI}'=\mathrm{EI}_{\text{评价考核年}}-\mathrm{EI}_{\text{基准年}}$$

表3 国家重点生态功能区县域生态环境质量监测评价与考核技术指标权重

功能类型	一级指标		二级指标	
	名称	权重	名称	权重
防风固沙	自然生态指标	0.70	植被覆盖指数	0.24
			生态保护红线区等受保护区域面积所占比例	0.10
			林草地覆盖率	0.22
			水域湿地覆盖率	0.20
			耕地和建设用地比例	0.14
			沙化土地面积所占比例	0.10
	环境状况指标	0.30	土壤环境质量指数	0.30
			III类及优于III类水质达标率	0.15
			优良以上空气质量达标率	0.30
			集中式饮用水水源地水质达标率	0.25
水土保持	自然生态指标	0.70	植被覆盖指数	0.23
			生态保护红线区等受保护区域面积所占比例	0.13
			林草地覆盖率	0.23
			水域湿地覆盖率	0.18
			耕地和建设用地比例	0.13
			中度及以上土壤侵蚀面积所占比例	0.10
	环境状况指标	0.30	土壤环境质量指数	0.30
			III类及优于III类水质达标率	0.15
			优良以上空气质量达标率	0.30
			集中式饮用水水源地水质达标率	0.25
生物多样性维护	自然生态指标	0.70	生物丰度指数	0.23
			林地覆盖率	0.15
			草地覆盖率	0.10
			水域湿地覆盖率	0.15
			耕地和建设用地比例	0.15
			生态保护红线区等受保护区域面积所占比例	0.22
	环境状况指标	0.30	土壤环境质量指数	0.25
			III类及优于III类水质达标率	0.35
			优良以上空气质量达标率	0.20
			集中式饮用水水源地水质达标率	0.20
水源涵养	自然生态指标	0.70	水源涵养指数	0.25
			林地覆盖率	0.15
			草地覆盖率	0.10
			水域湿地覆盖率	0.15
			耕地和建设用地比例	0.15
			生态保护红线区等受保护区域面积所占比例	0.20
	环境状况指标	0.30	土壤环境质量指数	0.25
			III类及优于III类水质达标率	0.35
			优良以上空气质量达标率	0.20
			集中式饮用水水源地水质达标率	0.20

第三部分　监管指标

监管指标包括生态环境保护管理指标、自然生态变化详查指标以及人为因素引发的突发环境事件指标三部分。

一、生态环境保护管理

（一）评分方法

从生态保护成效、环境污染防治、环境基础设施运行、县域考核工作组织四个方面进行量化评价，各项目的分值相加即为该县的生态环境保护管理得分值（EM 管理）。

EM 管理满分 100 分，其中生态保护成效 20 分、环境污染防治 40 分、环境基础设施运行 20 分、县域考核工作组织 20 分（表 4）。

表 4　生态环境保护管理指标分值

指　标	分　值
1. 生态保护成效	20 分
1.1 生态环境保护创建与管理	5 分
1.2 国家级自然保护区建设	5 分
1.3 省级自然保护区建设及其他生态创建	5 分
1.4 生态环境保护与治理支出	5 分
2. 环境污染防治	40 分
2.1 污染源排放达标率与监管	10 分
2.2 污染物减排	10 分
2.3 县域产业结构优化调整	10 分
2.4 农村环境综合整治	10 分
3. 环境基础设施运行	20 分
3.1 城镇生活污水集中处理率与污水处理厂运行	8 分
3.2 城镇生活垃圾无害化处理率与处理设施运行	8 分
3.3 环境空气自动站运行及联网	4 分
4. 县域考核工作组织	20 分
4.1 组织机构和年度实施方案	5 分
4.2 部门分工	5 分
4.3 县级自查	10 分
合　　计	100 分

1. 生态保护成效（20 分）

1.1 生态环境保护创建与管理

按照国家生态文明建设示范区、环境保护模范城市、国家公园等创建要求，考核县域获得国家生态文明建设示范区、环境保护模范城市或国家公园等命名。

计分方法：5 分。

计分依据：提供关于创建成功的公告等证明材料。

1.2 国家级自然保护区建设

考核县域建成国家级自然保护区，对重要生态系统或物种实施严格保护。

计分方法：5 分。

计分依据：提供国务院批准的国家级自然保护区建设文件，以及国家级自然保护区概况等资料。

1.3 省级自然保护区建设及其他生态创建

在考核年，县域建成省级自然保护区或获得其他生态创建称号。

计分方法：5 分。

计分依据：提供省级政府批准的省级自然保护区建设文件，以及省级自然保护区概况等资料；或其他生态创建称号的文件。

1.4 生态环境保护与治理支出

在考核年，县域在生态保护与修复、环境污染防治、资源保护方面的投入占当年全县财政支出的比例。

计分方法：5 分，根据支出比例计算得分（生态环境治理与保护支出比例×5）。

计分依据：县域生态环境保护与治理的预算支出凭证、当年全县财政支出等数据。

2. 环境污染防治（40 分）

2.1 污染源排放达标率与监管

县域内纳入监控的污染源排放达到相应排放标准的监测次数占全年监测总次数的比例。污染源排放执行地方或国家行业污染物排放（控制）标准，对于暂时没有针对性排放标准的企业，可执行地方或国家污染物综合排放标准。

计分方法：10 分。其中污染源排放达标率满分 7 分，按照达标率高低计分（污染源排放达标率×7）；污染源监管 3 分，考核污染源企业自行监测、信息公开以及环境监察情况。

计分依据：提供纳入监控的污染源名单、监督性监测报告、自行监测报告及监测信息公开、环境监察记录等资料。

2.2 污染物减排

考核主要污染物排放强度和年度减排责任书完成情况，其中主要污染物排放强度指县域二氧化硫、氮氧化物、化学需氧量和氨氮排放量与县域国土面积的比值。

计分方法：10 分。县域年度减排任务完成情况 3 分；主要污染物排放强度降低率 7 分。与考核年的上年相比，县域主要污染物排放强度不增加，按照排放强度降低率计算得分$\left(\dfrac{x_{考核上年}-x_{考核年}}{x_{考核上年}}\times 7\right)$；若与考核年的上年相比，排放强度增加，则得 0 分。

计分依据：考核年和上一年度主要污染物排放量统计数据，县域年度减排责任书签订与完成情况的认定材料。

2.3 县域产业结构优化调整

县域制定并落实重点生态功能区县域产业准入负面清单情况以及第二产业所占比例变化。

计分方法：10 分。其中，产业准入负面清单落实情况 5 分，重点考核县域是否制定负面清单以及考核年负面清单落实情况（根据发改部门制定的产业准入负面清单，考核年对现有企业淘汰或升级改造情况，以及新增企业是否属于负面清单）；县域第二产业所占比例变化 5 分，与考核年的上年相比，第二产业所占比例动态变化情况，若考核年第二产业所占比例与上年相比增加，则不得分；若降低，则按照降低幅度计算得分$\left[\left(p_{考核上年}-p_{考核年}\right)\times 5\right]$。

计分依据：提供发改等部门制定的产业准入负面清单以及考核年县域对现有企业淘汰或升级改造情况，以及新增企业是否有列入负面清单的等相关材料。考核年以及上一年度第二产业增加值和县域生产总值数据。

2.4 农村环境综合整治

县域开展农村环境综合整治情况，包括农村环境综合整治率、乡镇生活垃圾集中收集率、乡镇生活污水集中收集率三个指标。

计分方法：10 分。其中，农村环境综合整治率 6 分，指完成农村环境综合整治和新农村建设的行政村占县域内所有行政村的比例，得分为农村环境综合整治率×6；乡镇生活垃圾收集率 2 分，得分为乡镇生活垃圾收集率×2；乡镇生活污水收集率 2 分，得分为乡镇生活污水收集率×2。

计分依据：提供已经完成农村环境综合整治、新农村建设项目情况，以及乡镇生活垃圾、生活污水收集统计数据。

3. 环境基础设施运行（20 分）

3.1 城镇生活污水集中处理率与污水处理厂运行

城镇生活污水集中处理率为县域范围内城镇地区经过污水处理厂二级或二级以上处理且达到相应排放标准的污水量占城镇生活污水全年排放量的比例。

计分方法：8 分。其中，城镇生活污水处理率 5 分，按照处理率高低计分（城镇生活污水集中处理率×5）；污水处理厂运行情况 3 分。

计分依据：提供污水处理厂运行、在线监控数据、有效性监测报告等资料以及年度污水排放总量、收集量、达标排放量、污水管网建设等材料。

3.2 城镇生活垃圾无害化处理率与处理设施运行

城镇生活垃圾无害化处理率为县域范围内城镇生活垃圾无害化处理量占垃圾清运量的比例。

计分方法：8 分。其中，城镇生活垃圾无害化处理率 5 分，按照处理率高低计分（城镇生活垃圾无害化处理率×5）；城镇生活垃圾处理设施运行情况 3 分。

计分依据：提供县域生活垃圾产生量、清运量、处理量等数据以及生活垃圾处理设施运行状况资料。

3.3 环境空气自动站建设及联网情况

建成环境空气自动站，并与省或国家联网。

计分方法：4 分。其中，建成空气自动站，2 分；实现环境空气自动站与省或国家联网，2 分。

计分依据：提供空气自动站验收材料，省级部门出具的联网证明等。

4. 县域考核工作组织（20 分）

4.1 组织机构和年度实施方案

县级党委政府重视生态环境保护工作，成立由党委、政府领导牵头的考核工作领导小组，组织协调县域考核工作。按照国家年度考核实施方案，县级政府制定本县域年度考核工作实施方案。

计分方法：5 分。

计分依据：提供县级党委政府成立县域考核协调机构的文件，提供县政府制定的年度考核工作实施方案等材料。

4.2 部门分工

根据考核指标体系，明确各部门职责分工。

计分方法：5 分。

计分依据：提供县政府制定的考核任务部门职责分工文件材料。

4.3 县级自查情况

县级政府自查报告编制及填报数据资料完整性、规范性和有效性。

计分方法：10 分。

计分依据：自查报告能够体现政府的生态环境保护工作和成效，内容丰富数据翔实；填报数据真实可靠，无填报错误，具有相关部门的证明文件。

（二）评价方法

生态环境保护管理评价以省级评分为主，国家抽查。根据每个县域生态环境保护管理得分（EM$_{管理}$），以省为单位将各考核县域的评分值归一化处理为−1.0～+1.0之间的无量纲值，作为生态环境保护管理评价值，以EM$'_{管理}$表示，公式如下：

$$EM'_{管理} = \begin{cases} 1 \times (EM_{管理} - EM_{avg})/(EM_{max} - EM_{avg}) & 当EM_{管理} \geq EM_{avg}时 \\ 1 \times (EM_{管理} - EM_{avg})/(EM_{avg} - EM_{min}) & 当EM_{管理} < EM_{avg}时 \end{cases}$$

式中：EM$_{max}$为某省考核县域生态环境保护管理得分的最大值；EM$_{min}$为某省考核县域生态环境保护管理得分的最小值；EM$_{avg}$为某省考核县域生态环境保护管理得分的平均值。

二、自然生态变化详查

自然生态变化详查是通过考核年与基准年高分辨率遥感影像对比分析及无人机遥感核查，查找并验证局部生态系统发生变化的区域，根据变化面积、变化区域重要性确定自然生态变化详查评价值，自然生态变化详查的评价值介于−1.0～+1.0，根据变化面积确定（表5）。

对于在生态重要区或极度敏感区发现的破坏（如自然保护区核心区或饮用水水源地保护区、生态保护红线区等）或者往年已发现的生态破坏仍没有好转的，对县域最终考核结果实行一票否决机制，将考核结果直接定为最差一档。

表5　自然生态变化详查指标评价

局部自然生态地表变化面积		EM$'_{无人机}$
变化面积＞5 km^2	破坏	−1
	恢复	+1
2 km^2＜变化面积≤5 km^2	破坏	−0.5
	恢复	+0.5
0＜变化面积≤2 km^2	破坏	−0.3
	恢复	+0.3
未变化		0

三、人为因素引发的突发环境事件

人为因素引发的突发环境事件起负向评价作用，评价值以EM$'_{事件}$表示，介于−0.5～0。但当县域发生特大、重大环境事件时，对最终考核结果实行一票否决机制，直接定为最差一档（表6）。

表 6　人为因素引发的突发环境事件评价

分　级		EM′_{事件}	判断依据	说　明
突发环境事件	特大环境事件	一票否决	按照《国家突发环境事件应急预案》，在评价考核年被考核县域发生人为因素引发的特大、重大、较大或一般等级的突发环境事件，若发生一次以上突发环境事件则以最严重等级为准	若为同一事件引起的多项扣分，则取扣分最大项，不重复计算
	重大环境事件			
	较大环境事件	−0.5		
	一般环境事件	−0.3		
生态环境违法案件	环境保护部通报生态环境违法事件，或挂牌督办的环境违法案件、纳入区域限批范围等	−0.5	考核县域出现由环境保护部通报的环境污染或生态破坏事件、自然保护区等受保护区域生态环境违法事件，或出现由环境保护部挂牌督办的环境违法案件以及纳入区域限批范围等	
公众环境投诉	"12369"环保热线举报情况	−0.5	考核县域出现经"12369"举报并经有关部门核实的环境污染或生态破坏事件	

第四部分　综合考核

县域生态环境质量综合考核结果以ΔEI 表示，由技术评价结果（即县域生态环境质量变化值ΔEI′）、生态环境保护管理评价值（EM′_{管理}）、自然生态变化详查评价值（EM′_{无人机}）、人为因素引发的突发环境事件评价值（EM′_{事件}）四部分组成，计算公式如下：

$$\Delta EI＝\Delta EI′ + EM′_{管理} + EM′_{无人机} + EM′_{事件}$$

县域生态环境质量综合考核结果分为三级七类。三级为"变好"、"基本稳定"、"变差"；其中"变好"包括"轻微变好"、"一般变好"、"明显变好"，"变差"包括"轻微变差"、"一般变差"、"明显变差"（表 7）。

表 7　县域生态环境质量综合考核结果分级

变化等级	变　好			基本稳定	变　差		
	轻微变好	一般变好	明显变好		轻微变差	一般变差	明显变差
ΔEI阈值	$1\leqslant\Delta EI\leqslant2$	$2<\Delta EI<4$	$\Delta EI\geqslant4$	$-1<\Delta EI<1$	$-2\leqslant\Delta EI\leqslant-1$	$-4<\Delta EI<-2$	$\Delta EI\leqslant-4$

附件 2

国家重点生态功能区县域生态环境质量
监测评价与考核现场核查指南

为做好国家重点生态功能区县域生态环境质量监测、评价与考核工作，依据《环境保护法》、《关于加快推进生态文明建设的意见》（中发〔2015〕12 号）、《关于印发生态环境监测网络建设方案的通知》（国办发〔2015〕56 号）、《党政领导干部生态环境损害责任追究办法（试行）》（中办发〔2015〕45 号）等文件，制定《国家重点生态功能区县域生态环境质量监测评价与考核现场核查指南》，用于指导国家重点生态功能区县域生态环境质量监测、评价与考核现场核查（以下简称现场核查）工作。

一、核查目的

落实《全国主体功能区规划》，加强国家重点生态功能区建设，掌握国家重点生态功能区县域生态环境保护状况；督促国家重点生态功能区县级党委、政府切实履行生态环境保护主体责任，加大生态环境保护投入，不断改善县域生态环境质量，推动生态文明建设。

二、核查主体与对象

2.1 核查主体

现场核查分为国家核查和省级核查两类，作为每年县域考核的一项常态化工作纳入年度工作计划。

国家核查以抽查为主，重点核查考核结果变好和变差的县域，由环境保护部、财政部共同组织，实施主体为各区域环境保护督查中心、中国环境监测总站、环境保护部卫星环境应用中心等。

省级核查由省级环境保护主管部门联合省级财政主管部门共同开展，根据现场核查指南制定省级现场核查方案，可采取问题导向核查或专项核查方式。

2.2 核查对象

核查对象为纳入国家重点生态功能区财政转移支付的县（市、区）人民政府，具体名单根据财政部最新的国家重点生态功能区转移支付县域确定。

"十三五"期间，相关省份要对本省范围内所有转移支付县域开展至少一次现场核查，新增转移支付县域要在当年全部完成现场核查。

三、核查内容

3.1 生态环境保护责任落实情况

县级党委、政府建立生态环境保护"党政同责、一岗双责"机制。按照国家生态文明建设制度体系，落实全国主体功能区规划，加强国家重点生态功能区建设，建立相应的环境保护工作机制和规章制度，实行环境保护目标责任制，明确相关部门的环保责任，不断改善县域生态环境质量。加强县域考核工作组织和领导，建立县域考核工作长效机制。

3.2 生态保护成效

（1）生态保护工程

为提升县域生态系统功能及生态产品供给能力，县级政府实施的生态系统保护与恢复工程，诸如防护林建设、退耕还林、退牧还草、湿地恢复与治理、水土流失治理、石漠化治理和矿山生态修复等能够改善县域整体生态质量的工程。

（2）生态保护创建

县级政府在生态保护方面取得的成效，包括创建生态文明示范区、环保模范城市、国家公园等。建立国家级（省级）自然保护区、森林公园、湿地公园等各类受保护区；划定生态保护红线，制定管控措施，对重要生态区域进行严格保护和管理。

3.3 环境保护及治理情况

（1）环境基础设施建设与运行

县域环境空气自动监测站建设、运行维护及联网状况；县域城镇生活污水集中处理设施、生活垃圾处理设施建设运行及监管、污水管网建设情况等。

（2）环境质量监测规范性

调研县域环境质量监测组织模式是否适应国家环境监测体制机制改革要求。核查县域水、空气、土等环境质量监测项目、频次规范性，以及采样、分析等监测过程规范性，实地核查地表水断面、集中式饮用水水源地等。

（3）重点污染源监管

调研"十小"污染企业取缔与重点行业治污减排情况，抽查一定数量重点污染源企业，检查污染源达标排放情况、环保在线监控设施安装与运行、企业自行监测及信息公开、环境监察等。对照年度主要污染物减排任务，抽查部分污染减排重点项目、重点工程完成情况及效果。

3.4 生态环保投入与产业结构调整

核查县域在生态保护与修复、环境污染治理、资源保护方面的投入，核算生态环境保护与治理支出占全县财政支出的比例。调研县域转移支付额度及用途。核查县域产业准入负面清单的制定和落实情况，推动产业结构优化调整。

3.5 县域突发环境案件等情况

了解县域突发环境事件、生态破坏案件处理情况，以及"12369"环保热线群众举报的环保问题处理及整改情况。

四、核查程序

现场核查程序主要包括座谈交流、资料查阅与部门沟通、实地查看等环节。

4.1 座谈交流

核查组与县级政府就生态环境保护与治理工作及取得成效进行座谈。主要内容包括：县域社会经济发展基本情况，县域推进国家重点生态功能区建设方面的措施、建立的制度、开展的工作、取得实效、存在问题和困难等。

4.2 资料查阅与部门沟通

核查组查阅县域考核工作组织机构和实施方案及部门分工文件，县政府制定或批准实施的生态环境保护制度和规划材料，本行政区域内自然保护区建设及其他生态创建材料，生态环境保护与治理支出明细，县域产业结构优化及产业准入负面清单落实材料，农村环境综合整治措施及成效，并与提供数据的县级政府相关部门进行交流，了解国家有关规划、政策的落实情况。

4.3 实地查看

实地查看内容主要包括两方面：一是县域自然生态保护与恢复情况，可结合县域不同时期遥感影像比对结果，对自然生态变化区域、生态建设工程、自然保护区等受保护区域、矿山生态环境整治等进行检查，并调研自然生态变化的合理合法性；二是县域环境保护、治理和监管能力等情况，查看环境空气自动站运行维护、环境基础设施运行（生活污水处理厂、垃圾填埋场建设及运行情况）、环境整治重点（工业园区、城乡接合部、农村环境综合整治、畜禽养殖场、城镇集中式饮用水水源地）和重点行业污染治理情况。

五、核查结果

现场核查结果主要以打分表（见附）形式体现，也可将核查情况编制成现场核查报告。现场核查打分表作为对县域考核指标体系中"生态环境保护管理"监管指标的参考依据和佐证材料，用作对生态环境保护管理相关指标评分值的修正。

附

表 8 现场核查打分表

核查内容	核查要点	评分标准	得分
一、生态环境保护责任机制（14分）			
1. 生态环境保护责任落实（4分）	县级党委、政府实行生态环境保护"党政同责、一岗双责"，落实主体功能区规划，推进县域生态文明建设	生态环境保护制度与落实情况（0～4分）	
2. 县域考核工作组织（10分）	县域考核工作组织情况，建立长效机制，明确部门分工及职责，保障工作经费	①建立考核领导小组（3分）；②制定年度考核实施方案（2分）；③明确部门分工及职责（5分）。得分：①+②+③	
二、生态保护成效（30分）			
1. 生态环境保护创建（5分）	国家级生态文明示范区、环保模范城市、国家公园等创建规划、批复等	创建成功（5分）；创建中（3分）；未创建（0分）	
2. 生态保护红线等受保护区建设（15分）	划定保护红线，完成勘界定标，并有管控措施	全部完成（5分）；部分完成（3分）；未完成（0分）	
	国家级自然保护区建设情况	已建成（5分）；建设中（3分）；无（0分）	
	考核年，省级自然保护区、国家风景名胜区、森林公园等创建情况	已建成（5分）；建设中（3分）；无（0分）	
3. 生态保护与修复工程实施（5分）	考核年，县域开展生态保护与修复工程情况，如退耕还林、退牧还草、防护林建设、水土流失治理、石漠化治理、矿山生态修复等，核查工程批复、设计等资料，现场查看实施效果	保护与修复成效显著（4～5分）；保护与修复成效一般（1～3分）；未开展相关工作（0分）	
4. 生态环境保护与治理支出（5分）	考核年，县域获得的转移支付资金总额及主要用途	资金＿＿＿万元；主要用途：＿＿＿	调查指标
	生态环保支出占县域财政支出比例	支出比例×5分，最高5分	
三、环境污染防治（21分）			
1. 重点污染源监管（3分）	抽查1～2家主要污染源企业，核查环保设施运行、企业自行监测及环境监察记录等	①在线监控设施无异常（1分）；②定期开展自行监测（1分）；③有监管部门定期监察记录（1分）。得分：①+②+③	
2. 污染物减排任务（3分）	主要污染物减排责任书签订及完成情况	①县级政府签订减排任务书（2分）；②减排任务完成情况（0～1分）。得分：①+②	
3. 农村环境综合整治（10分）	查阅考核年农村环境综合整治的台账和统计资料	6分，农村综合整治率×6分	
	查阅考核年乡镇生活垃圾收集转运台账资料	2分，乡镇生活垃圾收集率×2分	
	查阅考核年各乡镇生活污水收集处理台账以及统计资料	2分，乡镇生活污水收集处理率×2分	

核查内容	核 查 要 点	评 分 标 准	得分
4. 县域产业结构优化调整（5分）	是否制定并印发产业准入负面清单；考核年，发改、经信等部门落实负面清单情况	①制定并印发实施产业准入负面清单（3分）；②考核年，负面清单落实情况（0～2分）。得分：①+②	
四、环境基础设施建设与运行（25分）			
1. 城镇生活污水处理设施（10分）	县城污水管网分布、污水收集处理台账、城镇年度污水排放量统计资料；污水处理厂监督监测、企业自测、在线监控设备运行情况	①污水集中处理率×7分；②运行状况（0～3分）。得分：①+②	
2. 城镇生活垃圾处理设施（10分）	县城生活垃圾收集处理台账，城镇生活垃圾统计资料；生活垃圾处理设施运行情况，渗滤液处理、周边环境定期监测等	①生活垃圾无害化处理率×7分；②运行状况（0～3分）。得分：①+②	
3. 空气自动站运行与联网（5分）	环境空气自动站是否正常运行，是否与省级环保部门联网	①空气自动站运行情况（0～2分）；②与省级联网（3分）。得分：①+②	
五、生态环境监管（10分）			
1. 突发环境事件或生态破坏案件情况	考核年，县域突发环境事件或生态破坏案件发生情况	扣分项。发生人为因素引发的突发环境事件或生态破坏案件（扣5分）	
2. 群众举报及处理情况	"12369"环保热线群众举报环境问题均得到妥善处理，件件有落实	扣分项。若发现群众举报问题未处理（扣5分）	
3. 环境质量监测规范性（10分）	环境质量监测规范性	环境质量监测频次、项目符合考核要求，监测报告规范（发现一处不规范之处扣1分，扣完为止）	
总体结论	核查专家：　　　　　　　核查时间：＿＿＿年＿＿＿月＿＿＿日		

第 2 章
甘肃省国家重点生态功能区转移支付考核
指标体系与评价方法

甘肃省国家重点生态功能区转移支付考核指标
体系与评价方法

甘肃省国家重点生态功能区转移支付绩效评估考核指标体系依据《国家重点生态功能区县域生态环境质量监测评价与考核实施细则》和《甘肃省国家重点生态功能区转移支付绩效评估考核管理办法》制定，包括技术指标和监管指标两部分（表1）。

技术指标由自然生态指标和环境状况指标组成，突出水源涵养、水土保持、防风固沙和生物多样性维护四类生态功能类型的差异性。

监管指标包括生态环境保护管理指标、资金使用管理指标以及人为因素引发的突发环境事件指标三部分。

表 1   考核指标体系

指标类型	一级指标	二级指标	
技术指标	防风固沙	自然生态指标	植被覆盖度指数
			生态保护红线区等受保护区域面积所占比例
			林草地覆盖率
			水域湿地覆盖率
			耕地和建设用地比例
			沙化土地面积所占比例

指标类型	一级指标		二级指标
技术指标	防风固沙	环境状况指标	土壤环境质量指数
			III类及优于III类水质达标率
			优良以上空气质量达标率
			集中式饮用水水源地水质达标率
	水土保持	自然生态指标	植被覆盖指数
			生态保护红线区等受保护区域面积所占比例
			林草地覆盖率
			水域湿地覆盖率
			耕地和建设用地比例
			中度及以上土壤侵蚀面积所占比例
		环境状况指标	土壤环境质量指数
			III类及优于III类水质达标率
			优良以上空气质量达标率
			集中式饮用水水源地水质达标率
	生物多样性维护	自然生态指标	生物丰度指数
			林地覆盖率
			草地覆盖率
			水域湿地覆盖率
			耕地和建设用地比例
			生态保护红线区等受保护区域面积所占比例
		环境状况指标	土壤环境质量指数
			III类及优于III类水质达标率
			优良以上空气质量达标率
			集中式饮用水水源地水质达标率
	水源涵养	自然生态指标	水源涵养指数
			林地覆盖率
			草地覆盖率
			水域湿地覆盖率
			耕地和建设用地比例
			生态保护红线区等受保护区域面积所占比例
		环境状况指标	土壤环境质量指数
			III类及优于III类水质达标率
			优良以上空气质量达标率
			集中式饮用水水源地水质达标率
监管指标			生态环境保护管理
			资金使用管理
			人为因素引发的突发环境事件

第一部分 技术指标

一、自然生态指标

（一）林地覆盖率

1. 指标解释：指县域内林地（有林地、灌木林地和其他林地）面积占县域国土面积的比例。林地是指生长乔木、竹类、灌木的土地，以及沿海生长的红树林的土地，包括迹地；不包括居民点内部的绿化林木用地，铁路、公路征地范围内的林木以及河流沟渠的护堤林。有林地是指郁闭度大于 0.3 的天然林和人工林，包括用材林、经济林、防护林等成片林地；灌木林地指郁闭度大于 0.4、高度在 2 m 以下的矮林地和灌丛林地；其他林地包括郁闭度为 0.1～0.3 的疏林地以及果园、茶园、桑园等林地。

2. 计算公式：林地覆盖率=（有林地面积+灌木林地面积+其他林地面积）/县域国土面积×100%

（二）草地覆盖率

1. 指标解释：指县域内草地（高覆盖度草地、中覆盖度草地和低覆盖度草地）面积占县域国土面积的比例。草地是指生长草本植物为主、覆盖度在 5%以上的土地，包括以牧为主的灌丛草地和树木郁闭度小于 0.1 的疏林草地。高覆盖度草地是指植被覆盖度大于 50%的天然草地、人工牧草地及树木郁闭度小于 0.1 的疏林草地。中覆盖度草地是指植被覆盖度 20%～50%的天然草地、人工牧草地。低覆盖度草地是指植被覆盖度 5%～20%的草地。

2. 计算公式：草地覆盖率=（高覆盖度草地面积+中覆盖度草地面积+低覆盖度草地面积）/县域国土面积×100%

（三）林草地覆盖率

1. 指标解释：指县域内林地、草地面积之和占县域国土面积的比例。

2. 计算公式：林草地覆盖率=林地覆盖率+草地覆盖率

（四）水域湿地覆盖率

1. 指标解释：指县域内河流（渠）、湖泊（库）、滩涂、沼泽地等湿地类型的面积占县域国土面积的比例。水域湿地是指陆地水域、滩涂、沟渠、水利设施等用地，不包括滞洪区和已垦滩涂中的耕地、园地、林地等用地。河流（渠）是指天然形成或人工开挖的线状水体，河流水面是河流常水位岸线之间的水域面积；湖泊（库）是指天然或人工形成的面状水体，包括天然湖泊和人工水库两类；滩涂包括沿海滩涂和内陆滩涂两类，其中沿海滩涂是指沿海大潮高潮位与低潮位之间的潮浸地带，内陆滩涂是指河流湖泊常水位至洪水位间的滩地；时令湖、河流洪水位以下的滩地；水库、坑塘的正常蓄水位与洪水位之间的滩地。沼泽地是指地势平坦低洼，排水不畅，季节性积水或常年积水以生长湿生植物为主地段。

2. 计算公式：水域湿地覆盖率=［河流（渠）面积+湖泊（库）面积+滩涂面积+沼泽地面积］/县域国土面积×100%

（五）耕地和建设用地比例

1. 指标解释：指耕地（包括水田、旱地）和建设用地（包括城镇建设用地、农村居民点及其他建设用地）面积之和占县域国土面积的比例。耕地是指耕种农作物的土地，包括熟耕地、新开地、复垦地和休闲地（含轮歇地、轮作地）；以种植农作物（含蔬菜）为主，间有零星果树、桑树或其他树木的土地；耕种三年以上，平均每年能保证收获一季的已垦滩地和海涂；临时种植药材、草皮、花卉、苗木的耕地，以及临时改变用途的耕地。水田是指有水源保证和灌溉设施，在一般年景能正常灌溉，用于种植水稻、莲藕等水生农作物的耕地，也包括实行水生、旱生农作物轮作的耕地。旱地是指无灌溉设施，靠天然降水生长的农作物用地；以及有水源保证和灌溉设施，在一般年景能正常灌溉，种植旱生农作物的耕地；以种植蔬菜为主的耕地，正常轮作的休闲地和轮歇地。建设用地是指城乡居民地（点）及城镇以外的工矿、交通等用地。城镇建设用地是指大、中、小城市及县镇以上的建成区用地；农村居民点是指农村地区农民聚居区；其他建设用地是指独立于城镇以外的厂矿、大型工业区、油田、盐场、采石场等用地以及机场、码头、公路等用地及特殊用地。

2. 计算公式：耕地和建设用地比例=（水田面积+旱地面积+城镇建设用地面积+农村居民点面积+其他建设用地面积）/县域国土面积×100%

（六）生态保护红线区等受保护区域面积所占比例

1. 指标解释：指县域内生态保护红线区、自然保护区等受到严格保护的区域面积占县域国土面积的比例。受保护区域包括生态保护红线区、各级（国家、省、市或县级）自然保护区、（国家或省级）风景名胜区、（国家或省级）森林公园、国家湿地公园、国家地质公园、集中式饮用水水源地保护区。

2. 计算公式：生态保护红线区等受保护区域面积所占比例=（生态保护红线区面积+自然保护区面积+风景名胜区面积+森林公园面积+湿地公园面积+地质公园面积+集中式饮用水水源地保护区面积−重复面积）/县域国土面积×100%

（七）中度及以上土壤侵蚀面积所占比例

1. 指标解释：针对水土保持功能类型县域，侵蚀强度在中度及以上的土壤侵蚀面积之和占县域国土面积的比例。侵蚀强度分类按照水利部门的《土壤侵蚀分类分级标准》（SL 190—2007），分为微度、轻度、中度、强烈、极强烈和剧烈 6 个等级。

2. 计算公式：中度及以上土壤侵蚀面积所占比例=（土壤中度侵蚀面积+土壤强烈

侵蚀面积+土壤极强烈侵蚀面积+土壤剧烈侵蚀面积）/县域国土面积×100%

（八）沙化土地面积所占比例

1. 指标解释：针对防风固沙功能类型县域，除固定沙丘（地）之外的沙化土地面积之和占县域国土面积的比例。沙化土地分类按照林业部门荒漠化与沙化土地调查分类标准，分为固定沙丘（地）、半固定沙丘（地）、流动沙丘（地）、风蚀残丘、风蚀劣地、戈壁、沙化耕地、露沙地 8 种类型。

2. 计算公式：沙化土地面积所占比例=［半固定沙丘（地）面积+流动沙丘（地）面积+风蚀残丘面积+风蚀劣地面积+戈壁面积+沙化耕地面积+露沙地面积］/县域国土面积×100%

（九）植被覆盖指数

1. 指标解释：指县域内林地、草地、耕地、建设用地和未利用地等土地生态类型的面积占县域国土面积的综合加权比重，用于反映县域植被覆盖的程度。

2. 计算公式：植被覆盖指数=A×［0.38×（0.6×有林地面积+0.25×灌木林地面积+0.15×其他林地面积）+0.34×（0.6×高盖度草地面积+0.3×中盖度草地面积+0.1×低盖度草地面积）+0.19×（0.7×水田面积+0.30×旱地面积）+0.07×（0.3×城镇建设用地面积+0.4×农村居民点面积+0.3×其他建设用地面积）+0.02×（0.2×沙地面积+0.3×盐碱地面积+0.3×裸土地面积+0.2×裸岩面积）］/县域国土面积。其中，A 为植被覆盖指数的归一化系数（值为458.5），以县级尺度的林地、草地、耕地、建设用地等生态类型数据加权，并以 100 除以最大的加权值获得；通过归一化系数将植被覆盖指数值处理为 0～100 之间的无量纲数值。

（十）生物丰度指数

1. 指标解释：指县域内不同生态系统类型生物物种的丰贫程度，根据县域内林地、草地、耕地、水域湿地等不同土地生态类型对生物物种多样性的支撑程度进行综合加权获得。

2. 计算公式：生物丰度指数=A×［0.35×（0.6×有林地面积+0.25×灌木林地面积+0.15×其他林地面积）+0.21×（0.6×高盖度草地面积+0.3×中盖度草地面积+0.1×低盖度草地面积）+0.11×（0.6×水田面积+0.40×旱地面积）+0.04×（0.3×城镇建设用地面积+0.4×农村居民点面积+0.3×其他建设用地面积）+0.01×（0.2×沙地面积+0.3×盐碱地面积+0.3×裸土地面积+0.2×裸岩面积）+0.28×（0.1×河流面积+0.3×湖库面积+0.6×滩涂面积）］/县域国土面积。其中，A 为生物丰度指数的归一化系数（值为511.3），以县级尺度的林地、草地、水域湿地、耕地、建设用地等生态类型数据加权，并以 100 除以最大的加权值获得；通过归一化系数将生物丰度指数值处理为 0～100 之间的无量纲数值。

（十一）水源涵养指数

1. 指标解释：指县域内生态系统水源涵养功能的强弱程度，根据县域内林地、草地及水域湿地在水源涵养功能方面的差异进行综合加权获得。

2. 计算公式：水源涵养指数=A×［0.45×（0.1×河流面积+0.3×湖库面积+0.6×沼泽面积）+0.35×（0.6×有林地面积+0.25×灌木林地面积+0.15×其他林地面积）+0.20×（0.6×高盖度草地面积+0.3×中盖度草地面积+0.1×低盖度草地面积）］/县域国土面积。其中，A为水源涵养指数的归一化系数（值为526.7），以县级尺度的林地、草地、水域湿地三种生态类型数据加权，并以100除以最大的加权值获得；通过归一化系数将水源涵养指数值处理为0～100之间的无量纲标数值。

二、环境状况指标

（一）Ⅲ类或优于Ⅲ类水质达标率

1. 指标解释：指县域内所有经认证的水质监测断面中，符合Ⅰ～Ⅲ类水质的监测次数占全部认证断面全年监测总次数的比例。

2. 计算公式：Ⅲ类或优于Ⅲ类水质达标率=认证断面达标频次之和/认证断面全年监测总频次×100%

（二）集中式饮用水水源地水质达标率

1. 指标解释：指县域范围内在用的集中式饮用水水源地的水质监测中，符合Ⅰ～Ⅲ类水质的监测次数占全年监测总次数的比例。

2. 计算公式：集中式饮用水水源地水质达标率=饮用水水源地监测达标频次/饮用水水源地全年监测总频次×100%

（三）优良以上空气质量达标率

1. 指标解释：指县域范围内城镇空气质量优良以上的监测天数占全年监测总天数的比例。执行《环境空气质量标准》（GB 3095—2012）及相关技术规范。

2. 计算公式：优良以上空气质量达标率=空气质量优良天数/全年监测总天数×100%

（四）土壤环境质量指数

1. 指标解释：采用土壤环境质量指数（SQI）评价县域土壤环境质量状况。按照《土壤环境质量标准》（GB 15618—1995），计算每个监测点位的最大单项污染指数 $P_{ip\max}$，获得对应的土壤环境质量评级，并将质量评级转换为土壤环境质量指数。

2. 计算公式：$$SQI = \sum_{i=1}^{n} SQI_i \Big/ n$$

式中：SQI_i 为单个监测点位的土壤环境质量指数值，介于0～100之间；n 为县域内土壤环境质量监测点位数量。

三、审核方法

（一）完整性审核

审核县级自查报告提供的指标汇总表、证明材料是否符合实施方案的编制要求，格式规范，内容完整。

（二）真实性审核

审核指标信息、数据与相应证明材料内容是否一致，证明材料是否为原始资料，有无主管部门印章。

（三）有效性审核

对于自然生态类型指标、Ⅲ类或优于Ⅲ类水质达标率、优良以上空气质量达标率、污染源排放达标率、主要污染物（二氧化硫、化学需氧量、氨氮、氮氧化物）排放强度等数据，根据不同类型数据特点，建立相应的数据有效性判别方法，用于数据有效性审核。

1. 自然生态指标数据审核

面积总和审核：自查报告中提供的土地利用类型（如林地、草地、耕地、建筑用地、水域湿地、未利用地）面积总和与国土部门认可的县域面积之差大于 5%，自然生态指标数据无效，如果县级国土部门提供了全部土地利用类型数据，则优先使用县级国土部门数据。

覆盖率准确度审核：自查报告中，各类型面积计算所得覆盖率与其填报的覆盖率不一致或部门提供的数据与自查报告指标汇总表填报数据不一致，数据无效。通过部门数据证明等材料重新核实类型面积并计算覆盖率。

覆盖率之和审核：县级自查报告中，填报的林地覆盖率、草地覆盖率、水域湿地覆盖率、耕地和建设用地、未利用地比例之和大于 105%或小于 95%，且各类型面积数据不全，数据无效。

数据时效性审核：如果县级填报的数据为非考核年份的数据，数据无效。

数据合理性审核：年际之间变化合理性，对于年际间变化数据要求在自查报告中写明变化原因。自查报告中，各部门提供的土地利用类型（如林地、草地、耕地、建筑用地、水域湿地、未利用地）的面积之和年际间变化超过国土部门认可的县域面积 1%，自然生态数据无效，如果县级国土部门提供了全部土地利用类型数据，则优先使用国土部门数据。

2. 水质、空气质量数据审核

空气自动监测数据审核：空气质量监测采用自动监测手段，符合环境空气质量自动监测技术规范要求，对填报数据进行抽查，利用自动站联网数据审核达标率有效性，按照日均值数据进行审核，计算全年优良天数占监测总天数的比例。核定比例与填报比例一致，数据有效。否则用核实后的数据替换所填报的数据。

水质自动监测数据审核：水质监测采用自动监测手段，符合水质自动监测技术规范要求，对填报数据进行抽查，利用自动站联网数据审核达标率有效性，按照日均值数据进行审核，计算Ⅲ类及优于Ⅲ类水质达标率天数占监测总天数的比例。核定比例与填报比例一致，数据有效。否则用核实后的数据替换所填报的数据。

空气手工监测数据审核：空气质量监测采用手工监测手段（按照手工监测技术规范，采用五日法监测），若监测项目（TSP、PM_{10}可选报一项）填报不全或监测频次不达标、未提供监测报告或监测数据，数据无效达标率不纳入计算。

水质手工监测数据审核：水质监测项目填报不全或监测频次不达标、未提供监测报告或监测数据，数据无效达标率不纳入计算。

达标率准确性审核：若同时填报优良以上空气质量达标率及相应的监测数据、Ⅲ类及优于Ⅲ类水质达标率及相应的监测数据，利用监测数据核实达标率，若与所填报数据一致，数据有效，否则用核实后的数据替换所填报的数据。

3. 污染物及污染源达标率数据审核

污染源排放达标率数据有效性：污染源排放达标率数据采用污染源监督性监测数据进行计算，是否依据下发监测方案执行。未监测按不达标次数计算，评价与污染源监督性监测评价相同。利用监测数据核实达标率，若与所填报数据一致，数据有效，否则用核实后的数据替换所填报的数据。

四、评价方法

（一）评价模型

1. 县域生态环境质量状况值（EI）

县域生态环境质量采用综合指数法评价，以 EI 表示县域生态环境质量状况，计算公式为：

$$EI = W_{eco} EI_{eco} + W_{env} EI_{env}$$

式中：EI_{eco} 为自然生态指标值；W_{eco} 为自然生态指标权重；EI_{env} 为环境状况指标值；W_{env} 为环境状况指标权重。EI_{eco}、EI_{env} 分别由各自的二级指标加权获得。

自然生态指标值：$EI_{eco} = \sum_{i=1}^{n} w_i \times X_i'$

环境状况指标值：$EI_{env} = \sum_{i=1}^{n} w_i \times X_i'$

式中：w_i 为二级指标权重；X_i' 为二级指标标准化后的值。

2. 县域生态环境质量状况变化值（ΔEI′）

以 ΔEI′ 表示县域生态环境质量状况变化情况，计算公式为：

$$\Delta EI' = EI_{\text{评价考核年}} - EI_{\text{基准年}}$$

表 2　技术指标权重

功能类型	一级指标		二级指标	
	名称	权重	名称	权重
防风固沙	自然生态指标	0.70	植被覆盖度指数	0.24
			生态保护红线区等受保护区域面积所占比例	0.10
			林草地覆盖率	0.22
			水域湿地覆盖率	0.20
			耕地和建设用地比例	0.14
			沙化土地面积所占比例	0.10
	环境状况指标	0.30	土壤环境质量指数	0.30
			III类及优于III类水质达标率	0.15
			优良以上空气质量达标率	0.30
			集中式饮用水水源地水质达标率	0.25
水土保持	自然生态指标	0.70	植被覆盖指数	0.23
			生态保护红线区等受保护区域面积所占比例	0.13
			林草地覆盖率	0.23
			水域湿地覆盖率	0.18
			耕地和建设用地比例	0.13
			中度及以上土壤侵蚀面积所占比例	0.10
	环境状况指标	0.30	土壤环境质量指数	0.30
			III类及优于III类水质达标率	0.15
			优良以上空气质量达标率	0.30
			集中式饮用水水源地水质达标率	0.25
生物多样性维护	自然生态指标	0.70	生物丰度指数	0.23
			林地覆盖率	0.15
			草地覆盖率	0.10
			水域湿地覆盖率	0.15
			耕地和建设用地比例	0.15
			生态保护红线区等受保护区域面积所占比例	0.22
	环境状况指标	0.30	土壤环境质量指数	0.25
			III类及优于III类水质达标率	0.35
			优良以上空气质量达标率	0.20
			集中式饮用水水源地水质达标率	0.20

功能类型	一级指标		二级指标	
	名称	权重	名称	权重
水源涵养	自然生态指标	0.70	水源涵养指数	0.25
			林地覆盖率	0.15
			草地覆盖率	0.10
			水域湿地覆盖率	0.15
			耕地和建设用地比例	0.15
			生态保护红线区等受保护区域面积所占比例	0.20
	环境状况指标	0.30	土壤环境质量指数	0.25
			III类及优于III类水质达标率	0.35
			优良以上空气质量达标率	0.20
			集中式饮用水水源地水质达标率	0.20

第二部分　监管指标

一、生态环境保护管理

（一）评分方法

从生态保护成效、环境污染防治、环境基础设施运行、县域考核工作组织四个方面进行量化评价，各项目的分值相加即为该县的生态环境保护管理得分值（EM 生态）。

EM 生态满分 100 分，其中生态保护成效 20 分、环境污染防治 40 分、环境基础设施运行 20 分、县域考核工作组织 20 分（表 3）。

表 3　生态环境保护管理指标分值

指　标	分　值
1. 生态保护成效	20 分
1.1 生态环境保护创建与管理	5 分
1.2 国家级自然保护区建设	5 分
1.3 省级自然保护区建设及其他生态创建	5 分
1.4 生态环境保护与治理支出	5 分
2. 环境污染防治	40 分
2.1 污染源排放达标率与监管	10 分
2.2 污染物减排	10 分
2.3 县域产业结构优化调整	10 分
2.4 农村环境综合整治	10 分
3. 环境基础设施运行	20 分
3.1 城镇生活污水集中处理率与污水处理厂运行	8 分

指　标	分　值
3.2 城镇生活垃圾无害化处理率与处理设施运行	8 分
3.3 环境空气自动站运行及联网	4 分
4. 县域考核工作组织	20 分
4.1 组织机构和年度实施方案	5 分
4.2 部门分工	5 分
4.3 县级自查	10 分
合　计	100 分

1. 生态保护成效（20 分）

1.1 生态环境保护创建与管理

按照国家生态文明建设示范区、环境保护模范城市、国家公园等创建要求，考核县域创建国家生态文明建设示范区、环境保护模范城市或国家公园等工作开展情况。

计分方法：5 分。获得任意一项命名满分 5 分，已启动创建工作 3 分。

计分依据：提供关于创建成功的文件、公告或已开展创建工作的有关证明材料。

1.2 国家级自然保护区建设

考核县域建成国家级自然保护区，对重要生态系统或物种实施严格保护。

计分方法：5 分。

计分依据：提供国务院批准的国家级自然保护区建设文件，以及国家级自然保护区概况等资料。县级政府支持辖区内自然保护区建设和管理工作的有关证明材料，包括资金投入、保护项目、监督管理等资料。

1.3 省级自然保护区建设及其他生态创建

在考核年，县域建成省级自然保护区或获得其他生态创建称号。

计分方法：5 分。

计分依据：提供省级政府批准的省级自然保护区建设文件，以及省级自然保护区概况等资料；或其他生态创建称号的文件。

1.4 生态环境保护与治理支出

在考核年，县域在生态保护与修复、环境污染防治、资源保护方面的投入占当年全县财政支出的比例。

计分方法：5 分，根据支出比例计算得分（生态环境治理与保护支出比例×5）。

计分依据：县域生态环境保护与治理的预算支出凭证、当年全县财政支出等数据。

2. 环境污染防治（40 分）

2.1 污染源排放达标率与监管

县域内纳入监控的污染源排放达到相应排放标准的监测次数占全年监测总次数的

比例。污染源排放执行地方或国家行业污染物排放（控制）标准，对于暂时没有针对性排放标准的企业，可执行地方或国家污染物综合排放标准。

计分方法：10分。其中污染源排放达标率满分7分，按照达标率高低计分（污染源排放达标率×7）；污染源监管3分，考核污染源企业自行监测、信息公开以及环境监察情况。

计分依据：提供纳入监控的污染源名单、监督性监测报告、自行监测报告及监测信息公开、环境监察记录等资料。

2.2 污染物减排

考核主要污染物排放强度和年度减排责任书完成情况，其中主要污染物排放强度指县域二氧化硫、氮氧化物、化学需氧量和氨氮排放量与县域国土面积的比值。

计分方法：10分。县域年度减排任务完成情况3分；主要污染物排放强度降低率7分。与考核年的上年相比，县域主要污染物排放强度不增加，按照排放强度降低率计算得分 $\left(\dfrac{X_{考核上年} - X_{考核年}}{X_{考核上年}} \times 7 \right)$；若与考核年的上年相比，排放强度增加，则得0分。

计分依据：考核年和上一年度主要污染物排放量统计数据，县域年度减排责任书签订与完成情况的认定材料。

2.3 县域产业结构优化调整

县域制定并落实重点生态功能区县域产业准入负面清单情况以及第二产业所占比例变化。

计分方法：10分。其中，产业准入负面清单落实情况5分，重点考核县域是否制定负面清单以及考核年负面清单落实情况（根据发改部门制定的产业准入负面清单，考核年对现有企业淘汰或升级改造情况，以及新增企业是否属于负面清单）；县域第二产业所占比例变化5分，与考核年的上年相比，第二产业所占比例动态变化情况，若考核年第二产业所占比例与上年相比增加，则不得分；若降低，则按照降低幅度计算得分 $\left[\left(p_{考核上年} - p_{考核年} \right) \times 5 \right]$。

计分依据：提供发改等部门制定的产业准入负面清单以及考核年县域对现有企业淘汰或升级改造情况，以及新增企业是否有列入负面清单的等相关材料。考核年以及上一年度第二产业增加值和县域生产总值数据。

2.4 农村环境综合整治

县域开展农村环境综合整治情况，包括农村环境综合整治率、乡镇生活垃圾集中收集率、乡镇生活污水集中收集率三个指标。

计分方法：10分。其中，农村环境综合整治率6分，指完成农村环境综合整治和新农村建设的行政村占县域内所有行政村的比例，得分为农村环境综合整治率×6；乡镇生活垃圾收集率2分，得分为乡镇生活垃圾收集率×2；乡镇生活污水收集率2分，得分为乡镇生活污水收集率×2。

计分依据：提供已完成农村环境综合整治、新农村建设项目情况；以及乡镇生活垃圾、生活污水收集统计数据。

3．环境基础设施运行（10分）

3.1　城镇生活污水集中处理率与污水处理厂运行

城镇生活污水集中处理率为县域范围内城镇地区经过污水处理厂二级或二级以上处理且达到相应排放标准的污水量占城镇生活污水全年排放量的比例。

计分方法：5分。其中，城镇生活污水处理率3分，按照处理率高低计分（城镇生活污水集中处理率×3）；污水处理厂运行情况2分。

计分依据：提供污水处理厂运行、在线监控数据、有效性监测报告等资料以及年度污水排放总量、收集量、达标排放量、污水管网建设等材料。

3.2　城镇生活垃圾无害化处理率与处理设施运行

城镇生活垃圾无害化处理率为县域范围内城镇生活垃圾无害化处理量占垃圾清运量的比例。

计分方法：5分。其中，城镇生活垃圾无害化处理率3分，按照处理率高低计分（城镇生活垃圾无害化处理率×3）；城镇生活垃圾处理设施运行情况2分。

计分依据：提供县域生活垃圾产生量、清运量、处理量等数据以及生活垃圾处理设施运行状况资料。

4．县域考核工作组织（20分）

4.1　组织机构和年度实施方案

县级党委、政府重视生态环境保护工作，成立由党委、政府领导牵头的考核工作领导小组，组织协调县域考核工作。按照全省年度考核实施方案，县级政府制定本县域年度自查工作实施方案。

计分方法：5分。

计分依据：提供县级党委、政府成立县域考核协调机构的文件，提供县政府制定的年度自查工作实施方案等材料。

4.2　部门分工

根据考核指标体系，明确各部门职责分工。

计分方法：5分。

计分依据：提供县政府制定的考核任务部门职责分工文件材料。

4.3　县级自查情况

县级政府自查报告编制及填报数据资料完整性、规范性和有效性。

计分方法：10分。

计分依据：自查报告能够体现政府的生态环境保护工作和成效，内容丰富数据翔实；填报数据真实可靠，无填报错误，具有相关部门的证明文件。

（二）评价方法

生态环境保护管理评价以省级评分为主。根据每个县域生态环境保护管理得分（$EM_{生态}$），以省为单位将各考核县域的评分值归一化处理为−1.0～+1.0 之间的无量纲值，作为生态环境保护管理评价值，以 $EM'_{生态}$ 表示，公式如下：

$$EM'_{生态} = \begin{cases} 1 \times (EM_{生态} - EM_{avg})/(EM_{max} - EM_{avg}) & 当EM_{生态} \geq EM_{avg} 时 \\ 1 \times (EM_{生态} - EM_{avg})/(EM_{avg} - EM_{min}) & 当EM_{生态} < EM_{avg} 时 \end{cases}$$

式中：EM_{max} 为全省考核县域生态环境保护管理得分的最大值；EM_{min} 为全省考核县域生态环境保护管理得分的最小值；EM_{avg} 为全省考核县域生态环境保护管理得分的平均值。

二、资金使用管理

（一）评分方法

从制度建设、资金投向、资金管理、项目管理四个方面进行量化评价，各项目的分值相加即为该县的资金使用管理得分值（$EM_{资金}$）。

$EM_{资金}$满分 100 分，其中制度建设 10 分、资金投向 40 分、资金管理 20 分、项目管理 30 分（表 4）。

表 4 资金使用管理指标分值

指　　标	分　　值
1．制度建设	10 分
1.1 年度实施计划	5 分
1.2 长效机制	5 分
2．资金投向	40 分
3．资金管理	20 分
3.1 资金拨付	5 分
3.2 资金审计	15 分
4．项目管理	30 分
4.1 管理程序	20 分
4.2 完成进度	10 分
合　　计	100 分

1．制度建设（10 分）

1.1 年度实施计划

在省财政下发年度国家重点生态功能区转移支付资金预通知后，按照"科学理财、民主理财"的要求，集体研究决定转移支付资金使用范围及计划。

计分方法：5 分。

计分依据：提供考核年县级人民政府或同级人大常委会批准实施转移支付资金使用计划或相关会议纪要。

1.2 长效机制

考核县域建立国家重点生态功能区转移支付资金使用管理的长效机制，科学研究资金使用投向，强化监督管理，落实追踪问效。

计分方法：5 分。

计分依据：提供县级政府制定的转移支付资金分配使用管理办法。

2．资金投向（40 分）

县域能够落实国家和省级关于转移支付资金使用管理的有关要求，重点用于生态保护与修复、环境污染防治以及改善民生方面。

计分方法：40 分。安排用于生态环境保护项目的资金比例达到年度转移支付总额 60%，并且没有超范围使用情况 40 分；生态环境保护项目的资金占比低于 60%，高于 40%，没有超范围使用情况，按照占比差值计分[（生态环境保护项目资金占比-40%）/20%×40]；生态环境保护项目的资金占比低于 40%或存在用于楼堂馆所、形象工程建设及竞争行领域支出的情况，得 0 分。

计分依据：根据省财政年度下达资金量和县域提供的考核年转移支付资金实施项目清单核算。

3．资金管理（20 分）

3.1 资金拨付

考核县域资金拨付程序、账目及时效。

计分方法：5 分。

计分依据：提供考核年转移支付资金安排项目的拨付凭证。

3.2 资金审计

考核县域转移支付资金项目审计开展情况。

计分方法：15 分。

计分依据：提供委托专业审计机构对考核年转移支付资金项目开展审计工作的报告及相关资料。

4．项目管理（30 分）

4.1 管理程序

考核县域严格按照建设项目管理程序，安排使用考核年转移支付资金。

计分方法：20 分。以建设项目为单位，按照提供资料的完整性、规范性计分（资料完整的建设项目个数/考核年建设项目总数×20）。

计分依据：提供相关建设项目审查立项、竣工验收等资料。

4.2　完成进度

考核年，县域使用转移支付资金安排的建设项目进展情况。

计分方法：10 分。以建设项目为单位，按照项目进度完成情况计分（按计划完成相应进度的项目个数/考核年建设项目总数×10）

计分依据：按照建设项目年度实施计划，提供考核年项目进展情况的证明材料。

（二）评价方法

资金使用管理评价以市级评分为主，省级抽查。根据每个县域资金使用管理得分（EM$_{资金}$），以省为单位将各考核县域的评分值归一化处理为−1.0～+1.0 之间的无量纲值，作为资金使用管理评价值，以 EM′$_{资金}$表示，公式如下：

$$EM'_{资金} = \begin{cases} 1 \times (EM_{资金} - EM_{avg}) / (EM_{max} - EM_{avg}) & 当 EM_{资金} \geqslant EM_{avg} 时 \\ 1 \times (EM_{资金} - EM_{avg}) / (EM_{avg} - EM_{min}) & 当 EM_{资金} < EM_{avg} 时 \end{cases}$$

式中：EM$_{max}$ 为全省考核县域生态环境保护管理得分的最大值；EM$_{min}$ 为全省考核县域生态环境保护管理得分的最小值；EM$_{avg}$ 为全省考核县域生态环境保护管理得分的平均值。

三、人为因素引发的突发环境事件

人为因素引发的突发环境事件起负向评价作用，评价值以 EM′$_{事件}$表示，介于−0.5～0。但当县域发生特大、重大环境事件时，对最终考核结果实行一票否决机制，直接定为最差一档（表5）。

表 5　人为因素引发的突发环境事件评价

	分级	EM′$_{事件}$	判断依据	说明
突发环境事件	特大环境事件	一票否决	按照《国家突发环境事件应急预案》，在评价考核年被考核县域发生人为因素引发的特大、重大、较大或一般等级的突发环境事件，若发生一次以上突发环境事件则以最严重等级为准	若为同一事件引起的多项扣分，则取扣分最大项，不重复计算
	重大环境事件			
	较大环境事件	−0.5		
	一般环境事件	−0.3		
生态环境违法案件	环境保护部通报生态环境违法事件，或挂牌督办的环境违法案件、纳入区域限批范围等	−0.5	考核县域出现由环境保护部通报的环境污染或生态破坏事件、自然保护区等受保护区域生态环境违法事件，或出现由环境保护部挂牌督办的环境违法案件以及纳入区域限批范围等	
公众环境投诉	"12369"环保热线举报情况	−0.5	考核县域出现经"12369"举报并经有关部门核实的环境污染或生态破坏事件	

第三部分 综合考核

县域国家重点生态功能区转移支付绩效评估综合考核结果以 ΔEI 表示，由技术评价结果（即县域生态环境质量变化值 $\Delta EI'$）、生态环境保护管理评价值（$EM'_{生态}$）、资金使用管理评价值（$EM'_{资金}$）、人为因素引发的突发环境事件评价值（$EM'_{事件}$）四部分组成，计算公式如下：

$$\Delta EI = \Delta EI' + EM'_{生态} + EM'_{资金} + EM'_{事件}$$

县域国家重点生态功能区转移支付绩效评估综合考核结果分为三级七类。三级为"变好"、"基本稳定"、"变差"；其中"变好"包括"轻微变好"、"一般变好"、"明显变好"，"变差"包括"轻微变差"、"一般变差"、"明显变差"（表6）。

表6 综合考核结果分级

变化等级	变　　好			基本稳定	变　　差		
	轻微变好	一般变好	明显变好		轻微变差	一般变差	明显变差
ΔEI 阈值	$1 \leqslant \Delta EI \leqslant 2$	$2 < \Delta EI < 4$	$\Delta EI \geqslant 4$	$-1 < \Delta EI < 1$	$-2 \leqslant \Delta EI \leqslant -1$	$-4 \Delta EI < -2$	$\Delta EI \leqslant -4$

第三篇
技 术 方 案

第 1 章
关于印发《国家重点生态功能区县域生态环境质量监测评价与考核实施方案》的通知

（环办〔2014〕100 号）

各有关省、自治区、直辖市及新疆生产建设兵团环境保护厅（局）、财政厅（局）：

为确保 2015 年国家重点生态功能区县域生态环境质量监测、评价与考核工作顺利完成，根据《国家重点生态功能区县域生态环境质量考核办法》（环发〔2011〕18 号）和《中央对地方国家重点生态功能区转移支付办法》（财预〔2014〕92 号），环境保护部、财政部联合制定了《2015 年国家重点生态功能区县域生态环境质量监测、评价与考核工作实施方案》。现印发给你们，请遵照执行。

附件：2015 年国家重点生态功能区县域生态环境质量监测、评价与考核工作实施方案

环境保护部办公厅
财政部办公厅
2014 年 11 月 18 日

附件

2015 年国家重点生态功能区县域生态环境质量监测、评价与考核工作实施方案

为确保 2015 年国家重点生态功能区县域生态环境质量监测、评价与考核工作顺利完成，根据《国家重点生态功能区县域生态环境质量考核办法》（环发〔2011〕18 号）和《中央对地方国家重点生态功能区转移支付办法》（财预〔2014〕92 号），特制定本实施方案。

一、适用范围

本实施方案适用于 2014 年限制开发等国家重点生态功能区所属县（包括县级市、市辖区、旗等，以下统称县），涉及河北、山西、内蒙古、吉林、黑龙江、安徽、江西、河南、湖北、湖南、广东、广西、海南、重庆、四川、贵州、云南、西藏、陕西、甘肃、青海、宁夏和新疆 23 个省（区、市）及新疆生产建设兵团，共 512 个，详见《中央对地方国家重点生态功能区转移支付办法》（财预〔2014〕92 号）。

二、指标体系

按照《国家重点生态功能区县域生态环境质量监测评价与考核指标体系》（环发〔2014〕32 号）和《国家重点生态功能区县域生态环境质量监测评价与考核指标体系实施细则》（环办〔2014〕96 号）有关要求组织实施，分别以防风固沙、水土保持、水源涵养、生物多样性维护等四种生态功能类型进行评价。

三、职责分工

财政部：负责考核工作的总体指导，与环境保护部联合印发实施方案、组织现场抽查、通报考核结果。并根据考核结果，相应实施约谈和奖惩。

环境保护部：负责考核工作的组织实施，与财政部联合印发实施方案、组织现场抽查、通报考核结果。组织开展县域生态环境质量监测；组织相关部门或单位汇总、评价各相关省（区、市）报送的数据资料，编写监测评价报告；向财政部提交国家重点生态功能区县域生态环境质量考核报告。

国务院南水北调工程建设委员会办公室：参与南水北调中线工程丹江口库区及上游地区的县域生态环境质量考核相关工作。

省级财政主管部门：负责行政区内考核工作的保障指导，与省级环境保护主管部门联合印发或转发实施方案、开展数据审核和现场核查等工作。研究制定省（区、市）对下重点生态功能区转移支付办法，具体落实考核结果的应用。

省级环境保护主管部门：负责行政区内考核工作的组织实施，与省级财政主管部门联合印发或转发实施方案、开展数据审核和现场核查等工作。组织开展行政区内县域生态环境质量监测；对被考核县域上报数据进行汇总、审核，向环境保护部提交全省（区、市）县域生态环境质量考核工作报告；加强对行政区内被考核县域考核工作培训、业务指导和日常监管，加强县域生态环境质量监测数据的质量控制。

被考核县级人民政府：按照国家、省级财政和环境保护主管部门的有关要求，负责本县域自查工作，加强环境监测能力建设，保障相关工作经费。认真做好县域内生态环境质量监测，及时填报相关数据，规范编写自查报告。

四、2014 年度考核工作安排

（一）县级自查（2015 年 1 月 31 日前完成）

被考核县级人民政府认真开展自查工作，组织编写自查报告，按要求将相关数据录入"国家重点生态功能区县域生态环境质量数据填报软件"，并将填报软件生成并导出的数据包刻录成光盘。按时将自查报告、数据光盘、相关证明材料以及监测报告等以正式文件（含电子版）报送所属省级环境保护主管部门。

其中，对于 2014 年考核中生态环境质量变差的县域[详见《关于 2014 年国家重点生态功能区县域生态环境监测、评价与考核结果的通报》（环办〔2014〕72 号）]，自查报告还应包括整改落实情况、具体整改措施等内容。

（二）省级审核（2015 年 3 月 10 日前完成）

省级环境保护主管部门应会同省级财政主管部门及时完成行政区内所有被考核县域自查报告及相关数据的审核工作。

省级环境保护主管部门负责编写全省县域生态环境质量工作报告，主要内容包括：工作组织情况、现场核查情况、数据审核结果等。同时，按要求将相关数据录入"国家重点生态功能区县域生态环境质量考核数据审核软件"，并将审核软件生成并导出的数据包刻录成光盘。按时将工作报告、数据光盘等以正式文件（含电子版）报送环境保护部。

（三）国家评价（2015 年 4 月 10 日前完成）

环境保护部委托中国环境监测总站、卫星环境应用中心等单位收集整理并分析评价各省（区、市）报送的相关数据资料，编写国家重点生态功能区县域生态环境质量监测评价报告等。

（四）现场抽查（2015 年 5 月 10 日前完成）

根据监测评价结果，环境保护部会同财政部、国务院南水北调工程建设委员会办公室组织开展现场抽查和无人机抽查，对省级有关部门组织开展行政区内考核工作情况予以核实。

（五）考核通报（2015 年 5 月 31 日前完成）

环境保护部组织编制 2015 年国家重点生态功能区县域生态环境质量考核报告，正式函报财政部，并与财政部联合通报考核结果。

五、2015 年监测工作方案

（一）地表水水质监测

严格执行《地表水环境质量标准》（GB 3838—2002）、《地表水和污水监测技术规范》（HJ/T 91—2002）、《环境水质监测质量保证手册（第二版）》及《水和废水监测分析方法（第四版）》等相关标准和规范，应加强实验室质量控制。

1．监测断面

按照经环境保护部批准[详见《国家重点生态功能区考核县域地表水水质监测断面、空气质量监测点位和重点污染源名单》（环办〔2012〕143 号）]或认定的断面开展监测。

2．监测指标

采用《地表水环境质量标准》（GB 3838—2002）表 1 中除粪大肠菌群以外的 23 项指标。

3．监测频次

国控断面每月监测一次；省控和市控断面分别按照所属省（区、市）和市级环境保护主管部门已规定的频次开展监测；南水北调水源区相关考核县域的监测频次，按照《关于开展丹江口水库库区及其上游水质专项监测的通知》（总站水字〔2012〕85 号）有关要求开展监测。对于新设立的地表水水质断面，每季度至少监测 1 次，全年至少监测 4 次。

4．监测时间

应在各监测月份的上旬（1—10 日）完成水质监测的采样及实验室分析。

对于因县域内只有季节性河流或无地表径流而无法正常采样的，须报经省级环境保护主管部门审批并征得环境保护部同意后，可以不开展地表水水质监测。

（二）环境空气质量监测

仅在被考核县域的县城建成区开展环境空气质量监测，严格执行《环境空气质量标准》（GB 3095—1996）、《环境空气质量手工监测技术规范》（HJ/T 194—2005）、《环境空气质量自动监测技术规范》（HJ/T 193—2005）及《空气和废气监测分析方法（第四版）》

等相关标准和规范,应加强监测过程的质量控制。

1.监测点位

按照经环境保护部批准[详见《国家重点生态功能区考核县域地表水水质监测断面、空气质量监测点位和重点污染源名单》(环办〔2012〕143 号)]或认定的点位开展监测。

2.监测指标

包括可吸入颗粒物(PM_{10})、二氧化硫(SO_2)和二氧化氮(NO_2)等 3 项指标。

3.监测频次

采用自动监测的,每月有效监测天数不少于 21 天;采用手工监测的,按照五日法开展监测,每季度至少监测 1 次,每年至少监测 4 次。

(三)重点污染源监测

根据污染源类型执行相关的行业标准、综合排放标准或监测技术规范,同时做好监测过程及分析测试记录,并编制污染源监测报告。

1.监测对象

按照经环境保护部批准[详见《国家重点生态功能区考核县域地表水水质监测断面、空气质量监测点位和重点污染源名单》(环办〔2012〕143 号)]或认定的重点排污源名单开展监测。

2.监测指标

针对不同排污企业,监测其主要特征污染物。

3.监测频次

每季度监测 1 次,全年监测 4 次。对于当年纳入国控重点污染源名单的企业,应按照环境保护部有关要求开展监测。

(四)集中式饮用水水源地水质监测

严格执行《地表水环境质量标准》(GB 3838—2002)、《地下水质量标准》(GB/T 14848—1993)、《地表水和污水监测技术规范》(HJ/T 91—2002)、《环境水质监测质量保证手册(第二版)》及《水和废水监测分析方法(第四版)》等相关标准和规范,应加强实验室质量控制。

1.监测对象

包括服务于县城的在用集中式饮用水水源地和经环境保护部认定的县城集中式饮用水水源地。

2.监测指标

对于地表饮用水水源地,常规监测指标包括《地表水环境质量标准》(GB 3838—2002)表 1 中除化学需氧量以外的 23 项指标、表 2 的补充指标(5 项)和表 3 的优选特定指标(33 项),共 61 项;全分析指标包括《地表水环境质量标准》(GB 3838—2002)中的

109项。对于地下饮用水水源地,常规监测指标包括《地下水质量标准》（GB/T 14848—1993）中的 23 项；全分析指标包括《地下水质量标准》（GB/T 14848—1993）中的 39 项。

3．监测频次

地表饮用水水源地每季度监测 1 次，每年 4 次，每两年开展 1 次水质全分析监测；地下饮用水水源地每半年监测 1 次，每年监测 2 次，每两年开展 1 次水质全分析监测。

六、有关要求

（一）加强组织领导

各省（区、市）环境保护、财政主管部门以及被考核县级人民政府要高度重视，加强衔接协调，积极推进生态文明制度建设，加强生态环境保护，促进科学发展，加快转变经济发展方式。应制定工作方案，明确各部门职责分工，将责任分解，落实到人。探索建立县域生态环境质量考核工作长效机制，确保考核工作顺利实施。

（二）统一工作部署

各省（区、市）环境保护和财政主管部门应加强合作，统一部署行政区内县域生态环境质量考核工作，按照各自职责分工扎实开展、有序推进。

被考核县级人民政府要加强对该项工作的组织实施，按照国家和省级有关部门的工作要求，做好数据采集与填报、生态环境质量监测、基础能力建设与工作经费保障等工作。

（三）严格质量控制

为贯彻落实新颁布的《环境保护法》，考核工作应严格按照相关标准及规范组织实施，环境监测机构及其负责人对监测数据的真实性和准确性负责，省级环境保护主管部门加强审核把关，环境保护部强化监督管理，逐步完善生态环境监测全过程质量保证和质量控制体系。

第 2 章

国家重点生态功能区县域地表水、空气自动监测点位（断面）布设规定

一、地表水监测断面布设技术要求

1．监测断面位置应避开河流死水区、回水区、排污口，尽量选择在顺直河段、河床稳定、水流平稳处及河流水面宽阔、无急流、无浅滩处。

2．监测断面力求与水文测流断面一致，以便利用水文参数，实现水质监测与水量监测的结合。

3．监测断面布设位置要考虑到取样的可行性和方便性。

4．监测断面的布设应考虑社会经济发展，监测工作的实际状况和需要，要具有相对的稳定性。

5．若河流流经县城、工业园区或经济开发区，则在其下游设置监测断面。

6．在有水工建筑并受人工控制的河段，视情况分别在闸（坝、堰）上、下设置断面，若水质无明显差别，可只在闸（坝、堰）上设置监测断面。

7．若县域内河流主要为季节性河流[如防风固沙和水土保持（如黄土高原区）功能区内的某些县]，无水则不开展监测。

8．水源涵养功能类型的县域，地表水监测断面要尽可能覆盖县域内所有河流。

9．湖泊、水库监测点位要综合考虑水体水动力条件、湖库面积、湖盆形态、补给条件、出水及取水情况、排污设施位置和规模及污染物在水体中的循环及迁移转化等因素综合确定。城镇建成区内的湖泊、水库，不设置水质监测点位。

10．水质监测断面须经省级环保行政主管部门认定。

二、空气自动监测点位布设技术要求

1. 空气监测点位布设应反映城市主要功能区和主要大气污染源的污染现状及变化趋势。

2. 空气监测点位要具有较好的代表性，能客观反映一定空间范围内的环境空气污染水平和变化规律。

3. 空气监测点位设置应考虑县城未来的发展规划，监测点位要兼顾城市未来发展。

4. 监测点位周围 50 米范围内不应有污染源。

5. 监测仪器采样口周围、监测光束附近或开放光程监测仪器发射光源到监测光束接收端之间不应有阻碍空气流通的高大建筑物、树木或其他障碍物。从采样口或监测光束到附近最高障碍物之间的水平距离，应为障碍物与采样口或监测光束高度差的两倍以上。

6. 监测仪器采样口周围水平面应保证 270°以上的捕集空间，如果采样口一边靠近建筑物，采样口周围水平面应有 180°以上自由空间。

7. 监测点周围环境状况相对稳定，安全和防火措施有保障；同时没有强大的电磁干扰，周围有稳定可靠的电力供应，通信线路容易安装和检修。

8. 空气自动监测点位须经省级环保行政主管部门认定。

第 3 章
2018 年国家重点生态功能区县域环境监测方案

国家重点生态功能区县域生态环境监测包括地表水水质、集中式饮用水水源地水质、环境空气质量及污染源监测，根据不同要素的特征，特制定本监测方案。

一、地表水水质监测

1. 监测断面

按照经环境保护部批准或核实认定的断面开展监测。

2. 监测指标

按照《地表水环境质量标准》（GB 3838—2002）表 1 中除粪大肠菌群以外的 23 项指标。

3. 监测频次与时间

按月监测，在每月上旬（1—10 日）完成水质监测的采样及实验室分析，编制地表水水质监测报告。对于只有季节性河流或无地表径流而无法正常采样的县域，经报请省级环境保护主管部门审批并征得环境保护部同意后，可以不开展地表水水质监测。

4. 监测质量控制

地表水水质监测严格执行《地表水环境质量标准》（GB 3838—2002）、《地表水和污水监测技术规范》（HJ/T 91—2002）、《环境水质监测质量保证手册（第二版）》及《水和废水监测分析方法（第四版）》等相关标准和规范，加强实验室质量控制。

二、集中式饮用水水源地水质监测

1. 监测对象

经环境保护部核实认定的服务于县城的在用集中式饮用水水源地，包括地表水饮用水水源地和地下水饮用水水源地。

2．监测指标

地表水饮用水水源地常规监测指标包括《地表水环境质量标准》（GB 3838—2002）表 1 中除化学需氧量以外的 23 项指标、表 2 的补充指标（5 项）和表 3 的优选特定指标（33 项），共 61 项；全分析指标包括《地表水环境质量标准》（GB 3838—2002）中的 109 项。地下水饮用水水源地常规监测指标包括《地下水质量标准》（GB/T 14848—2017）中的 23 项；全分析指标包括《地下水质量标准》（GB/T 14848—2017）中的 93 项。

3．监测频次

地表水饮用水水源地每季度监测 1 次，每年 4 次，每两年开展 1 次水质全分析监测；地下水饮用水水源地每半年监测 1 次，每年监测 2 次，每两年开展 1 次水质全分析监测。

4．监测质量控制

严格执行《地表水环境质量标准》（GB 3838—2002）、《地下水质量标准》（GB/T 14848—2017）、《地表水和污水监测技术规范》（HJ/T 91—2002）、《环境水质监测质量保证手册（第二版)》及《水和废水监测分析方法（第四版)》等相关标准和规范，加强实验室质量控制。

三、环境空气质量监测

1．监测点位

按照经环境保护部批准或核实认定的点位开展监测。

2．监测指标

自动监测项目为可吸入颗粒物（PM_{10}）、细颗粒物（$PM_{2.5}$）、二氧化硫（SO_2）、二氧化氮（NO_2）、一氧化碳（CO）和臭氧（O_3）6 项指标。

手工监测项目为可吸入颗粒物（PM_{10}）、二氧化硫（SO_2）和二氧化氮（NO_2）3 项指标。

3．监测频次

采用自动监测的，每月至少有 27 个日平均浓度值（2 月至少有 25 个日平均浓度值）；采用手工监测的，按照五日法开展监测，每季度至少监测 1 次，每年至少监测 4 次。

4．监测质量控制

在县城建成区开展环境空气质量监测，严格执行《环境空气质量标准》（GB 3095—2012）、《环境空气质量手工监测技术规范》（HJ/T 194—2005）、《环境空气质量自动监测技术规范》（HJ/T 193—2005）及《空气和废气监测分析方法（第四版)》等相关标准和规范，加强监测过程的质量控制。

四、污染源监测

1．监测对象

按照经环境保护部批准或核实认定的污染源名单开展监测。

2．监测指标

根据污染源类型执行的相关标准确定监测项目，其中污水处理厂需监测 19 项基本控制项目。

3．监测频次

每季度监测 1 次，全年监测 4 次；对于季节性生产企业，在生产季节监测 4 次。

4．监测质量控制

根据污染源类型执行相关的行业标准、综合排放标准或监测技术规范，同时做好监测过程及分析测试记录，并编制污染源监测报告，加强监测过程的质量控制。

第 4 章
甘肃省国家重点生态功能区县域环境监测点位信息表

一、地表水监测断面

表 1 甘肃省县域生态环境质量监测评价与考核地表水监测断面名单

序号	县（市、旗、区）名称	河流/湖泊名称	水质监测断面名称	水质监测断面代码	是否湖库	断面性质
1	永登县	庄浪河	上石圈村	WA62012100003	否	省控
2	永登县	大通河	淌沟村	WA62012100004	否	省控
3	永登县	庄浪河	界牌村	WA62012100005	否	省控
4	永昌县	金川河	北海子	WA62032100001	否	省控
5	永昌县	金川河	迎山坡	WA62032100002	否	国控
6	会宁县	鸡儿嘴水库	鸡儿嘴村	WA62042200001	是	省控
7	张家川回族自治县	后川河	仓下村	WA62052500001	否	省控
8	凉州区	黄羊河	黄羊水库	WA62060200003	否	国控
9	凉州区	金塔河	南营水库	WA62060200002	是	省控
10	凉州区	西营河	西营水库	WA62060200001	是	省控
11	民勤县	石羊河	扎子沟	WA62062100002	否	国控
12	民勤县	红崖山水库	红崖山水库	WA62062100001	是	国控
13	古浪县	十八里水库	十八里水库	WA62062200001	是	省控
14	天祝藏族自治县	金强河	金强驿村	WA62062300001	否	省控
15	甘州区	黑河	莺落峡	WA62070200002	否	国控
16	甘州区	黑河	高崖水文站	WA62070200001	否	国控
17	肃南裕固族自治县	隆畅河	隆畅河白银断面	WA62072100001	否	省控
18	民乐县	洪水河	双树寺水库	WA62072200001	否	省控

序号	县（市、旗、区）名称	河流/湖泊名称	水质监测断面名称	水质监测断面代码	是否湖库	断面性质
19	临泽县	黑河	蓼泉桥	WA62072300001	否	省控
20	临泽县	黑河	高崖水文站	WA62072300002	否	国控
21	高台县	黑河	六坝桥	WA62072400001	否	国控
22	山丹县	马营河	花寨桥西	WA62072500001	否	省控
23	庄浪县	水洛河	南水洛河南坪大桥	WA62082500002	否	省控
24	庄浪县	水洛河	万泉镇徐城村	WA62082500001	否	省控
25	静宁县	葫芦河	八里闫庙	WA62082600001	否	省控
26	静宁县	葫芦河	仁大刘川	WA62082600002	否	省控
27	肃北蒙古族自治县	党河	党城湾镇	WA62092300001	否	省控
28	阿克塞哈萨克族自治县	哈尔腾河	红崖子	WA62092400001	否	省控
29	庆城县	马莲河	店子坪	WA62102100002	否	省控
30	环县	马莲河	柴家台村	WA62102200003	否	国控
31	环县	马莲河	五里桥	WA62102200002	否	省控
32	华池县	柔远河	新堡村	WA62102300002	否	省控
33	镇原县	蒲河	马头坡	WA62102700002	否	国控
34	通渭县	锦屏水库	锦屏大桥	WA62112100001	否	省控
35	通渭县	牛谷河	襄南乡连川村	WA62112100003	否	省控
36	渭源县	渭河	五竹镇鹿鸣村	WA62112300001	否	省控
37	渭源县	渭河	三河口断面	WA62112300002	否	省控
38	漳县	漳河	漳河殪虎桥中学断面	WA62112500001	否	省控
39	漳县	漳河	漳河红岜下断面	WA62112500002	否	省控
40	岷县	洮河	岷县维新乡下中寨断面	WA62112600002	否	省控
41	岷县	洮河	岷县西寨镇冷地村断面	WA62112600001	否	省控
42	武都区	白龙江	绸子坝	WA62120200001	否	省控
43	文县	白水江	贾昌	WA62122200001	否	省控
44	文县	陇南天池	陇南天池湖心	WA62122200002	是	国控
45	宕昌县	岷江	何家堡	WA62122300001	否	省控
46	康县	碾坝河	峡口	WA62122400001	否	省控
47	西和县	漾水河	石堡断面	WA62122500001	否	省控
48	礼县	西汉水	土山村	WA62122600001	否	省控
49	两当县	两当河	城区下游 2 km	WA62122800002	否	省控
50	两当县	两当河	新潮	WA62122800001	否	省控
51	临夏县	大夏河	土门关	WA62292100002	否	省控
52	临夏县	大夏河	双洞口	WA62292100001	否	省控
53	康乐县	三岔河	虎关桥	WA62292200002	否	省控
54	永靖县	黄河	刘家峡水库库心	WA62292300001	是	省控
55	永靖县	黄河	扶和桥	WA62292300002	否	国控
56	和政县	广通河	虎家大桥	WA62292500002	否	省控

序号	县（市、旗、区）名称	河流/湖泊名称	水质监测断面名称	水质监测断面代码	是否湖库	断面性质
57	东乡族自治县	大夏河	折桥	WA62292600001	否	国控
58	东乡族自治县	大夏河	大夏河曳湖峡	WA62292600002	否	省控
59	积石山保安族东乡族撒拉族自治县	黄河	大河家桥	WA62292700001	否	省控
60	积石山保安族东乡族撒拉族自治县	黄河	白家	WA62292700002	否	省控
61	合作市	格河	香拉道班	WA62300100001	否	省控
62	临潭县	冶木河	冶力关镇冶木河峡口	WA62302100001	否	省控
63	卓尼县	洮河	卓尼县木耳镇政府	WA62302200001	否	省控
64	舟曲县	白龙江	两河口	WA62302300001	否	省控
65	迭部县	白龙江	迭部白云林场	WA62302400001	否	省控
66	玛曲县	黄河	玛曲	WA62302500001	否	国控
67	碌曲县	洮河	碌曲西仓寺院	WA62302600001	是	省控
68	夏河县	大夏河	地沟桥	WA62302700001	否	国控

二、饮用水水源地监测断面

表2 甘肃省县域生态环境质量监测评价与考核饮用水水源地监测断面名单

序号	县（市、旗、区）名称	点位名称	点位代码	服务人口数量/万人	水源地类型	是否湖库
1	永登县	永登县城区水源	HW62012100001	10	地下水	否
2	永昌县	东大河渠首水源	HW62032100002	3	地表水	否
3	会宁县	鸡儿嘴水库	HW62042200001	12.3	地表水	是
4	张家川回族自治县	石峡水库水源	HW62052500002	6.6	地表水	是
5	张家川回族自治县	东峡水库	HW62052500002	6.6	地表水	是
6	凉州区	杂木河渠首	HW62060200001	40	地表水	否
7	凉州区	西营河渠首	HW62060200002		地表水	否
8	民勤县	重兴乡饮用水水源地保护区	HW62062100001	6.5	地下水	否
9	古浪县	古浪县城区饮用水水源保护区	HW62062200001	4	地下水	否
10	天祝藏族自治县	天祝县供水公司	HW62062300001	7	地下水	否
11	甘州区	甘州区城区水源地（二水厂）	HW62070200001	19.11	地下水	否
12	甘州区	滨河水源地（三水厂）	HW62070200002	25	地下水	否
13	肃南裕固族自治县	肃南县城东柳沟水源地	HW62072100001	1	地表水	否

序号	县（市、旗、区）名称	点位名称	点位代码	服务人口数量/万人	水源地类型	是否湖库
14	民乐县	双树寺水库	HW62072200001	6	地表水	是
15	临泽县	临泽县黄家湾滩集中式饮用水水源地	HW62072300002	5	地下水	否
16	高台县	高台县城区集中式饮用水水源地	HW62072400001	5.2	地下水	否
17	山丹县	山丹县城市集中式饮用水水源地	HW62072500001	8	地下水	否
18	山丹马场	二场白石崖	HW62079000001	1.8	地表水	否
19	庄浪县	竹林寺水库	HW62082500001	12	地表水	是
20	静宁县	甘泉水源	HW62082600002	12.37	地下水	否
21	肃北蒙古族自治县	肃北县城区水源	HW62092300001	1	地表水	否
22	阿克塞哈萨克族自治县	阿克塞县城区水源	HW62092400001	0.9	地表水	否
23	庆城县	马岭东沟水源地	HW62102100001	3	地表水	否
24	环县	庙儿沟水源地	HW62102200001	9	地下水	否
25	华池县	柔远东沟饮用水水源	HW62102300001	3	地表水	否
26	华池县	鸭儿洼水源	HW62102300002	3	地表水	否
27	镇原县	尤坪水源地	HW62102700001	4	地下水	否
28	通渭县	通渭县锦屏水库	HW62112100001	5	地表水	是
29	渭源县	漫坝河入境	HW62112300002	16	地表水	否
30	渭源县	峡口水库入境	HW62112300001	16.5	地表水	否
31	漳县	漳县城区水源地	HW62112500001	3.5	地下水	否
32	岷县	洮河右岸水源	HW62112600001	4.2	地下水	否
33	武都区	钟楼滩水源地	HW62120200001	7.5	地下水	否
34	文县	文县自来水厂	HW62122200001	5.1	地下水	否
35	宕昌县	缸沟水源地	HW62122300002	5	地表水	否
36	宕昌县	大竹河水源保护地	HW62122300001	2	地表水	否
37	康县	城关镇孙家院村集中式饮用水水源地	HW62122400002	3	地表水	否
38	康县	碾坝乡安家坝村集中式饮用水水源地	HW62122400001	3	地表水	否
39	西和县	黄江水库	HW62122500001	2	地表水	是
40	西和县	二郎坝	HW62122500002	1.5	地下水	否
41	礼县	礼县城区水源	HW62122600001	8	地下水	否
42	两当县	两当河水源	HW62122800001	5	地表水	否
43	临夏县	关滩水源	HW62292100001	3.21	地表水	否
44	康乐县	石板沟饮用水水源地	HW62292200001	3.2	地表水	否
45	永靖县	自来水厂取水口	HW62292300001	6.5	地表水	是
46	和政县	和政县新营乡饮马泉饮用水水源地	HW62292500001	9	地表水	否

序号	县（市、旗、区）名称	点位名称	点位代码	服务人口数量/万人	水源地类型	是否湖库
47	和政县	和政县买家集镇海眼泉饮用水水源地	HW62292500004	9	地表水	否
48	东乡族自治县	尕西塬泵站	HW62292600001	18	地表水	是
49	积石山保安族东乡族撒拉族自治县	县城中峡	HW62292700001	2	地表水	否
50	合作市	格河水源	HW62300100001	6	地下水	否
51	临潭县	引洮入潭工程水源	HW62302100002	2	地表水	否
52	卓尼县	木耳沟饮用水水源地	HW62302200001	2	地下水	否
53	舟曲县	舟曲县杜坝川水源保护区	HW62302300001	5	地下水	否
54	迭部县	迭部县哇坝沟饮用水源地	HW62302400001	1.81	地下水	否
55	玛曲县	卓格尼玛泉水水源	HW62302500001	1.2	地下水	否
56	玛曲县	东郊水源地	HW62302500002	1.6	地下水	否
57	碌曲县	玛艾水源	HW62302600010	0.83	地下水	否
58	夏河县	夏河县洒哈尔饮用水水源地	HW62302700001	3	地下水	否

三、环境空气监测点位

表3　甘肃省县域生态环境质量监测评价与考核环境空气监测点位名单

序号	县（市、旗、区）名称	空气监测点位名称	空气监测点位代码	监测方式（自动、手工）	建立时间	经度	纬度
1	永登县	永登六中	AI62012100002	自动	2016/1/1	103°14′53″	36°44′16″
2	永昌县	图书馆	AI62032100002	自动	2017/1/1	101°58′19″	38°14′51″
3	会宁县	会宁县财政局	AI62042200003	自动	2018/7/3	105°2′56″	35°41′36″
4	张家川回族自治县	县民政局	AI62052500002	自动	2017/1/1	106°12′0″	34°59′19″
5	凉州区	武南镇	AI62060200005	自动	2017/1/1	102°43′16″	37°49′25″
6	凉州区	理工中专	AI62060200004	自动	2017/1/1	102°38′58″	37°54′51″
7	凉州区	成功学校	AI62060200003	自动	2017/1/1	102°36′45″	37°56′16″
8	凉州区	雷台	AI62060200002	自动	2003/1/1	102°38′30″	37°56′9″
9	凉州区	监测站	AI62060200001	自动	2003/1/1	102°37′13″	37°55′31″
10	民勤县	县环保局	AI62062100002	自动	2017/1/1	103°5′22″	38°36′55″
11	古浪县	县政府	AI62062200002	自动	2017/1/1	102°13′44″	37°28′14″
12	天祝藏族自治县	县环保局	AI62062300002	自动	2017/1/1	103°8′52″	36°58′48″
13	甘州区	监测站	AI62070200002	自动	2008/1/1	100°28′12″	38°57′9″

序号	县（市、旗、区）名称	空气监测点位名称	空气监测点位代码	监测方式（自动、手工）	建立时间	经度	纬度
14	甘州区	科委	AI62070200001	自动	2010/1/1	100°24′56″	38°56′32″
15	肃南裕固族自治县	肃南县林业局	AI62072100002	自动	2017/1/1	99°37′23″	38°50′18″
16	民乐县	民乐县交通局	AI62072200002	自动	2017/1/1	100°48′47″	38°26′52″
17	临泽县	临泽县博物馆	AI62072300001	自动	2017/1/1	100°10′39″	39°8′24″
18	高台县	高台县住建局	AI62072400001	自动	2017/1/1	99°49′15″	39°23′6″
19	山丹县	山丹县妇幼保健院	AI62072500002	自动	2017/1/1	101°4′39″	38°47′35″
20	山丹马场	二场办公楼顶	AI62079000001	手工	2018/9/1	101°13′42.1″	38°17′45.56″
21	庄浪县	执法局	AI62082500003	自动	2017/1/1	106°2′50″	35°11′47″
22	静宁县	文萃中学	AI62082600003	自动	2017/1/1	105°43′35″	35°30′48″
23	肃北蒙古族自治县	环境保护局	AI62092300002	自动	2017/1/1	94°52′26″	39°31′5″
24	阿克塞哈萨克族自治县	司法局办公楼	AI62092400002	自动	2017/1/1	94°20′25″	39°37′57″
25	庆城县	县政府	AI62102100002	自动	2017/1/1	107°52′42″	36°0′56″
26	环县	国土资源局	AI62102200002	自动	2017/1/1	107°18′13″	36°34′1″
27	华池县	文广局	AI62102300002	自动	2017/1/1	107°59′26″	36°27′14″
28	镇原县	文化馆	AI62102700002	自动	2017/1/1	107°12′11″	35°40′23″
29	通渭县	环保局	AI62112100002	自动	2017/1/1	105°14′21″	35°12′45″
30	渭源县	民政局	AI62112300002	自动	2017/1/1	104°12′45″	35°8′14″
31	漳县	档案局	AI62112500002	自动	2017/1/1	104°27′26″	34°50′39″
32	岷县	政府招待所	AI62112600002	自动	2017/1/1	104°2′3″	34°26′36″
33	武都区	东江新区	AI62120200002	自动	2017/1/1	104°57′18″	33°22′15″
34	文县	文县环境保护局	AI62122200002	自动	2017/1/1	104°41′27″	32°56′14″
35	宕昌县	宕昌县第一中学	AI62122300002	自动	2017/1/1	104°22′13″	34°1′50″
36	康县	康县一中	AI62122400002	自动	2017/1/1	105°34′54″	33°19′39″
37	西和县	西和县委党校	AI62122500002	自动	2017/1/1	105°17′53″	34°0′36″
38	礼县	礼县实验小学	AI62122600002	自动	2017/1/1	105°11′17″	34°11′18″
39	两当县	两当县环境保护局	AI62122800002	自动	2017/1/1	106°18′4″	33°55′16″
40	临夏县	教育局	AI62292100002	自动	2017/1/1	103°2′4″	35°29′0″
41	康乐县	县政府	AI62292200002	自动	2017/4/1	103°42′22″	35°22′12″
42	永靖县	古城新区妇幼保健站	AI62292300003	自动	2017/1/1	103°17′28″	35°57′23″
43	和政县	第一中学	AI62292500002	自动	2017/1/1	103°20′51″	35°25′28″
44	东乡族自治县	县人大	AI62292600002	自动	2017/1/1	103°23′9″	35°39′55″

序号	县（市、旗、区）名称	空气监测点位名称	空气监测点位代码	监测方式（自动、手工）	建立时间	经度	纬度
45	积石山保安族东乡族撒拉族自治县	县政协	AI62292700002	自动	2017/1/1	102°52′29″	35°41′29″
46	合作市	甘南州政府南楼	AI62300100002	自动	2016/1/1	102°54′36″	34°59′3″
47	临潭县	临潭县四管楼	AI62302100002	自动	2017/1/1	103°21′12″	34°41′50″
48	卓尼县	卓尼县洮河林业局党校	AI62302200002	自动	2017/1/1	103°30′4″	34°35′20″
49	舟曲县	舟曲县峰迭新区统办楼	AI62302300002	自动	2017/1/1	104°14′55″	33°47′45″
50	迭部县	迭部县110指挥中心楼	AI62302400002	自动	2017/6/22	103°13′16″	34°3′9″
51	玛曲县	玛曲县政府	AI62302500002	自动	2017/1/1	102°4′17″	33°59′59″
52	碌曲县	碌曲县舟高路藏族中学	AI62302600002	自动	2017/1/1	102°18′7″	34°58′7″
53	夏河县	夏河县最美藏街	AI62302700002	自动	2017/1/1	102°31′6″	35°12′1″

四、重点污染源监测点位

表4　甘肃省县域生态环境质量监测评价与考核重点污染源监测点位名单

序号	县（市、旗、区）名称	污染源（企业）名称	污染源代码	污染源类型	经度	纬度
1	永登县	兰州红狮水泥有限公司	SA62012100006	废气	103°11′44″	36°52′46″
2	永登县	中国铝业股份有限公司连城分公司	SA62012100005	废气	102°51′30″	36°29′27″
3	永登县	永登祁连山水泥有限公司	SA62012100004	废气	103°12′22″	36°49′54″
4	永登县	腾达西北铁合金有限责任公司	SA62012100003	废气	102°47′42″	36°36′14″
5	永登县	蓝星硅材料有限公司	SA62012100002	废气	103°12′5″	36°50′10″
6	永登县	甘肃大唐国际连城发电有限责任公司	SA62012100001	废气	102°52′0″	36°32′0″
7	永登县	永登县污水处理厂	FW62012100001	污水处理厂	103°16′31″	36°41′52″
8	永登县	甘肃永固特种水泥有限公司	SA62012100007	废气	102°54′36″	36°42′21″
9	永昌县	永昌县清河麦芽有限责任公司	SW62032100004	废水	102°36′54″	38°13′50″
10	永昌县	兰州黄河（金昌）麦芽厂	SW62032100009	废水	101°47′0″	40°24′0″
11	永昌县	甘肃三洋啤酒原料股份有限公司	SW62032100008	废水	102°36′6″	38°12′37″

序号	县（市、旗、区）名称	污染源（企业）名称	污染源代码	污染源类型	经度	纬度
12	永昌县	甘肃莫高实业发展股份有限公司金昌麦芽厂	SW62032100006	废水	102°0′31″	38°13′56″
13	永昌县	金昌水泥（集团）公司干法厂	SA62032100005	废气	102°35′58″	38°51′16″
14	永昌县	永昌县金穗麦芽有限公司	SW62032100003	废水	101°4′0″	37°47′39″
15	永昌县	永昌三强农产品加工有限公司	SW62032100002	废水	102°35′54″	38°12′32″
16	永昌县	永昌县供热公司	SA62032100007	废气	101°57′19″	38°14′50″
17	永昌县	金昌铁业（集团）有限责任公司	SA62032100006	废气	102°15′33″	37°38′12″
18	永昌县	金昌奔马农用化工股份有限公司	SA62032100004	废气	102°16′23″	38°22′20″
19	永昌县	甘肃瓮福化工有限责任公司	SA62032100002	废气	102°5′22″	38°22′20″
20	永昌县	甘肃电投金昌发电有限责任公司	SA62032100001	废气	102°5′56″	38°22′33″
21	永昌县	永昌县污水处理工程	FW62032100001	污水处理厂	101°4′59″	37°47′59″
22	永昌县	永昌永顺泰啤酒原料有限公司	SW62032100010	废水	102°4′37″	38°13′27″
23	永昌县	金昌奔马农用化工股份有限公司	SW62032100007	废水	102°16′23″	38°22′20″
24	永昌县	甘肃春天化工有限公司	SA62032100003	废气	102°1′0″	38°21′0″
25	会宁县	甘肃金智淀粉食品有限责任公司	SW62042200002	废水	105°6′25″	35°37′4″
26	会宁县	会宁县污水处理厂	FW62042200001	污水处理厂	104°59′51″	35°40′39″
27	会宁县	甘肃祁连雪淀粉工贸有限公司	SW62042200001	废水	104°59′50″	35°43′14″
28	张家川回族自治县	张家川回族自治县城区污水处理工程	FW62052500001	污水处理厂	106°12′28″	34°59′44″
29	凉州区	甘肃达利食品有限公司	SW62060200005	废水	102°40′42″	37°52′16″
30	凉州区	青岛啤酒武威有限责任公司	SW62060200002	废水	102°21′17″	37°30′41″
31	凉州区	武威市供排水集团公司	FW62060200002	污水处理厂	102°32′36″	37°37′7″
32	凉州区	武威市城北集中供热有限责任公司	SA62060200001	废气	102°39′7″	37°56′43″
33	凉州区	武威天祥肉类加工有限公司	SW62060200001	废水	102°42′54″	37°50′53″
34	凉州区	武威工业园区污水处理厂	FW62060200001	污水处理厂	102°43′2″	37°53′52″
35	凉州区	甘肃赫原生物制品有限公司	SW62060200004	废水	102°41′59″	37°54′9.64″
36	凉州区	甘肃汇能生物工程有限公司	SW62060200003	废水	102°41′10″	37°52′58″
37	凉州区	武威市城南集中供热有限责任公司	SA62060200002	废气	102°38′32″	37°54′31″
38	民勤县	民勤县北控水务有限公司	FW62062100001	污水处理厂	103°7′19″	38°37′59″

序号	县（市、旗、区）名称	污染源（企业）名称	污染源代码	污染源类型	经度	纬度
39	民勤县	民勤陇原中天生物工程有限公司	SW62062100001	废水	103°7′20″	38°38′38″
40	古浪县	古浪祁连山水泥有限公司	SW62062200002	废气	102°53′49″	37°28′21″
41	古浪县	古浪西泰电冶有限责任公司	SA62062200001	废气	103°54′6″	37°27′58″
42	古浪县	甘肃古浪惠思洁纸业有限公司	SW62062200001	废水	102°56′36″	37°35′29″
43	古浪县	古浪县污水管网工程	FW62062200001	污水处理厂	102°55′13″	37°30′54″
44	天祝藏族自治县	甘肃正阳集团公司	SW62062300002	废水	102°17′0″	36°31′0″
45	天祝藏族自治县	窑街煤电集团天祝煤业有限责任公司	SW62062300001	废水	102°40′30″	36°57′0″
46	天祝藏族自治县	天祝玉通兴合新能源科技开发有限公司	SA62062300003	废气	102°17′0″	36°31′0″
47	天祝藏族自治县	天祝藏族自治县供热公司	SA62062300002	废气	102°17′0″	36°31′0″
48	天祝藏族自治县	窑街煤电集团天祝煤业有限责任公司	SA62062300001	废气	102°40′30″	36°57′0″
49	天祝藏族自治县	天祝藏族自治县污水处理厂	FW62062300001	污水处理厂	102°17′0″	36°31′0″
50	天祝藏族自治县	天祝藏族自治县千马龙煤炭开发有限责任公司	SW62062300003	废水	102°26′0″	36°45′0″
51	甘州区	甘肃张掖巨龙建材有限责任公司	SA62070200001	废气	100°10′47″	38°50′24″
52	甘州区	甘肃电投张掖发电有限公司	SA62070200002	废气	100°27′45″	39°40′0″
53	甘州区	张掖市污水处理厂	FW62070200001	污水处理厂	100°38′26″	38°57′34″
54	甘州区	张掖市云鹏工贸有限责任公司	SW62070200001	废水	100°22′18″	39°0′32″
55	肃南裕固族自治县	肃南县红湾供排水有限责任公司城镇生活污水处理厂	FW62072100001	污水处理厂	99°39′25″	38°50′45″
56	肃南裕固族自治县	甘肃新洲矿业有限公司	SM62072100001	重金属	98°1′30″	39°11′0″
57	民乐县	甘肃爱味客马铃薯加工有限公司	SW62072200004	废水	101°42′2″	38°42′48″
58	民乐县	民乐县生活污水处理厂	FW62072200001	污水处理厂	100°49′12″	38°25′48″
59	民乐县	民乐县亨汇麦芽有限责任公司	SW62072200001	废水	100°39′37″	38°43′29″
60	民乐县	甘肃银河食品集团有限公司	SW62072200003	废水	100°42′34″	38°40′34″
61	民乐县	甘肃锦世化工有限责任公司	SA62072200001	废气	100°47′13″	38°43′54″
62	临泽县	临泽县中川水利开发有限公司	FW62072300001	污水处理厂	100°11′2″	39°10′11″

序号	县（市、旗、区）名称	污染源（企业）名称	污染源代码	污染源类型	经度	纬度
63	临泽县	临泽宏鑫矿产实业有限公司	SA62072300001	废气	100°14′19″	39°29′15″
64	临泽县	甘肃雪润生化有限公司	SW62072300001	废水	100°8′50″	39°10′2″
65	临泽县	临泽县圣洁纸品厂	SW62072300002	废水	100°5′43″	39°19′33″
66	高台县	高台县污水处理厂	FW62072400001	污水处理厂	99°48′22″	39°23′34″
67	山丹县	山丹县瑞源啤酒原料有限责任公司	SW62072500003	废水	101°6′19″	38°44′57″
68	山丹县	甘肃金山啤酒原料有限责任公司	SW62072500002	废水	101°6′18″	38°44′48″
69	山丹县	张掖市山丹铁骑水泥有限责任公司	SA62072500002	废气	100°48′57″	38°51′9″
70	山丹县	山丹县城区生活污水处理厂	FW62072500001	污水处理厂	101°3′52″	38°47′2″
71	山丹县	山丹县芋兴粉业有限责任公司	SW62072500001	废水	101°6′48″	38°41′53″
72	庄浪县	庄浪县南湖成林三豪淀粉有限公司	SW62082500003	废水	105°59′14″	35°22′49″
73	庄浪县	庄浪县新金矿业有限公司	SM62082500001	重金属	105°51′58″	35°20′39″
74	庄浪县	庄浪县宏达淀粉加工有限责任公司	SW62082500004	废水	105°58′59″	35°8′1″
75	庄浪县	庄浪县城区生活污水处理厂	FW62082500001	污水处理厂	106°0′30″	35°10′25″
76	庄浪县	庄浪县鑫喜淀粉加工有限责任公司	SW62082500002	废水	105°57′31″	35°16′51″
77	静宁县	静宁县方圆工业和生活污水处理有限公司	FW62082600002	污水处理厂	105°41′54″	35°28′0″
78	静宁县	静宁县红光淀粉有限责任公司	SW62082600003	废水	105°43′44″	35°32′48″
79	静宁县	静宁县铅锌矿	SM62082600001	重金属	105°49′7.4″	35°21′30″
80	静宁县	静宁通达果汁有限公司	SW62082600001	废水	105°46′20.8″	35°21′24″
81	静宁县	静宁县恒达有限责任公司原料分公司	SW62082600002	废水	105°42′54″	35°32′34″
82	肃北蒙古族自治县	肃北县久翔矿业有限责任公司	SM62092300005	重金属	95°45′27″	39°12′12″
83	肃北蒙古族自治县	肃北县污水处理厂	FW62092300001	污水处理厂	94°52′23″	39°31′47″
84	肃北蒙古族自治县	甘肃省肃北县金鹰黄金有限责任公司	SM62092300001	重金属	96°18′30″	39°51′42″
85	肃北蒙古族自治县	甘肃省中盛矿业有限责任公司	SM62092300002	重金属	97°4′0″	39°22′0″
86	肃北蒙古族自治县	肃北县金马黄金有限公司	SM62092300004	重金属	96°49′9″	40°47′7″
87	肃北蒙古族自治县	肃北县蒙古蔟自治县富兴矿业有限公司	SM62092300006	重金属	96°56′8″	41°15′17″

序号	县（市、旗、区）名称	污染源（企业）名称	污染源代码	污染源类型	经度	纬度
88	肃北蒙古族自治县	甘肃省地质矿产勘查开发局第四地质矿产勘查院（金沟金矿）	SM62092300007	重金属	96°56′8″	41°15′17″
89	肃北蒙古族自治县	肃北县德源矿业开发有限责任公司	SM62092300003	重金属	97°14′8″	42°48′7″
90	阿克塞哈萨克族自治县	阿克塞县城市生活污水处理厂	FW62092400001	污水处理厂	94°19′44.8″	39°38′31.8″
91	阿克塞哈萨克族自治县	酒钢集团兴安民爆阿克塞分公司	SA62092400001	废气	94°16′38″	39°36′33.3″
92	阿克塞哈萨克族自治县	甘肃恒亚水泥有限公司	SA62092400002	废气	94°18′29.1″	39°35′37.9″
93	庆城县	庆城县污水处理厂	FW62102100001	污水处理厂	107°53′8″	35°59′18″
94	环县	环县污水处理厂	FW62102200001	污水处理厂	107°19′36.5″	36°32′25.3″
95	环县	刘园子煤矿	SW62102200002	废水	106°50′34″	36°29′34.3″
96	华池县	华池县污水处理厂	FW62102300001	污水处理厂	107°51′48″	36°14′22″
97	镇原县	镇原县城区生活污水处理厂	FW62102700001	污水处理厂	107°13′23″	35°40′4″
98	通渭县	通渭县洁源污水处理有限责任公司	FW62112100001	污水处理厂	105°14′20″	35°12′37″
99	通渭县	通渭县百源成民政福利粮油有限责任公司	SW62112100001	废水	105°15′30″	35°12′3″
100	渭源县	渭源县污水处理厂	FW62112300001	污水处理厂	104°15′30″	35°8′0″
101	漳县	漳县祁连山水泥有限责任公司	SA62112500001	废气	104°42′11″	34°8′46″
102	漳县	漳县污水处理厂	FW62112500001	污水处理厂	104°28′9″	34°50′41″
103	岷县	岷县通洁污水处理有限责任公司	FW62112600001	污水处理厂	104°3′30″	34°27′9.7″
104	武都区	陇南祁连山水泥有限公司	SA62120200001	废气	104°52′32″	33°26′43″
105	武都区	武都区污水处理厂	FW62120200002	污水处理厂	104°58′2″	33°21′59″
106	文县	文县祁连山水泥有限公司	SA62122200001	废气	104°27′43″	33°22′17″
107	文县	文县城区污水处理厂	FW62122200001	污水处理厂	104°43′52″	32°55′59″
108	文县	文县新关金矿	SW62122200002	废水	104°28′6″	33°2′19″
109	文县	文县万利铁合金有限责任公司	SW62122200001	废水	104°27′21″	33°3′53″
110	宕昌县	宕昌县污水处理厂	FW62122300001	污水处理厂	104°26′24″	34°0′41″
111	康县	康县污水处理厂	FW62122400001	污水处理厂	105°37′12″	33°18′
112	康县	甘肃阳坝铜业有限责任公司（杜坝选厂）	SW62122400001	废水	105°39′14″	32°55′15″
113	康县	甘肃阳坝铜业有限责任公司（阳坝选厂）	SW62122400002	废水	105°45′27″	32°59′2.24″

序号	县（市、旗、区）名称	污染源（企业）名称	污染源代码	污染源类型	经度	纬度
114	西和县	西和县中泰工矿有限责任公司	SW62122500004	废水	105°34′0″	33°50′0″
115	西和县	西和县六巷铅锌矿	SW62122500008	废水	105°19′23″	33°58′56″
116	西和县	西和县孙家沟铅锌氧化矿浮选厂	SW62122500007	废水	105°17′25″	33°59′13″
117	西和县	甘肃陇星锑业有限责任公司	SW62122500005	废水	105°21′13″	33°54′0″
118	西和县	西和县青羊矿业有限公司	SW62122500003	废水	105°19′23″	33°55′52″
119	西和县	西和县城区生活污水处理工程	FW62122500001	污水处理厂	105°17′50″	35°0′50″
120	西和县	西和县恒安工矿贸易有限公司	SW62122500001	废水	105°26′5″	33°53′30″
121	西和县	西和县宏伟矿业有限公司	SW62122500006	废水	105°32′26″	34°48′36″
122	西和县	西和县华辰商贸有限公司	SW62122500009	废水	105°27′44″	33°51′26″
123	西和县	西和县尖崖沟铅锌矿	SW62122500002	废水	105°25′28″	33°53′3″
124	西和县	西和县浩儒氧化锌浮选厂	SW62122500010	废水	105°17′25″	33°59′13″
125	西和县	西和县创新矿业有限公司	SW62122500011	废水	105°27′0″	33°48′36″
126	礼县	礼县城区污水处理厂	FW62122600001	污水处理厂	105°9′23″	34°10′19″
127	两当县	两当污水处理厂	FW62122800001	污水处理厂	106°18′17.5″	33°54′15″
128	两当县	两当县会成矿业开发有限责任公司	SW62122800001	废水	106°26′38.3″	34°19″
129	两当县	两当县招金矿业有限责任公司	SW62122800002	废水	106°15′19″	34°9′55″
130	临夏县	临夏县生活污水处理厂	FW62292100001	污水处理厂	103°5′52″	35°30′0″
131	康乐县	甘肃康美牛业有限公司	SW62292200001	废水	103°32′0″	35°26′0″
132	康乐县	康乐县污水处理厂	FW62292200001	污水处理厂	103°33′0″	35°26′0″
133	永靖县	甘肃刘化（集团）有限责任公司	SA62292300001	废气	103°16′28″	35°58′40″
134	永靖县	永靖县大河水务有限公司	FW62292300001	污水处理厂	103°17′29″	35°57′15″
135	永靖县	甘肃刘化（集团）有限责任公司	FW62292300002	污水处理厂	103°16′28″	35°58′40″
136	和政县	和政县污水处理厂	FW62292500001	污水处理厂	103°29′19″	35°27′35″
137	和政县	和政华龙乳制品有限公司	SW62292500001	废水	103°21′56″	35°27′33″
138	和政县	临夏海螺水泥有限责任公司（二分厂）	SA62292500002	废气	103°15′11″	35°21′39″
139	和政县	临夏海螺水泥有限责任公司（一分厂）	SA62292500001	废气	103°16′7″	35°18′15″
140	东乡族自治县	东乡县污水处理厂	FW62292600001	污水处理厂	103°22′50″	35°38′42″
141	积石山保安族东乡族撒拉族自治县	积石山县污水处理厂	FW62292700001	污水处理厂	102°52′31″	35°43′25″

序号	县（市、旗、区）名称	污染源（企业）名称	污染源代码	污染源类型	经度	纬度
142	合作市	合作市污水处理厂	FW62300100001	污水处理厂	102°53′37″	35°0′57″
143	合作市	甘肃辰州矿业开发有限责任公司	SM62300100001	重金属	102°59′54″	35°5′40″
144	临潭县	临潭县城区污水处理工程	FW62302100001	污水处理厂	103°35′4″	34°47′32″
145	卓尼县	卓尼县城污水处理厂	FW62302200001	污水处理厂	103°30′52″	34°34′26″
146	舟曲县	舟曲县城区污水处理厂	FW62302300001	污水处理厂	104°33′30″	33°46′0″
147	舟曲县	舟曲县峰迭新区污水处理厂	FW62302300002	污水处理厂	103°51′30″	33°13′0″
148	迭部县	迭部县污水处理厂	FW62302400001	污水处理厂	103°14′14″	34°3′16″
149	玛曲县	玛曲县污水处理厂	FW62302500001	污水处理厂	102°3′44″	33°59′31″
150	碌曲县	碌曲县污水处理厂	FW62302600001	污水处理厂	101°35′36″	33°58′21″
151	夏河县	夏河祁连山安多水泥有限公司	SA62302700001	废气	102°47′30″	35°19′10″
152	夏河县	夏河县城区污水处理工程	FW62302700001	污水处理厂	102°34′10.6″	35°11′54.7″

第四篇
数据填报与审核软件
使用指南

第 1 章
数据填报规范

1.1 适用范围

本规范与甘肃省重点生态功能区县域生态环境质量考核数据填报软件共同使用，适用于 2018 年国家重点生态功能区县域生态环境质量考核数据的填报，如软件有更新或升级，该规范也可能需做相应调整。

2018 年的上报数据内容包括 2018 年第一季度监测数据、2018 年第二季度季度监测数据、2018 年第三季度监测数据、2018 年第四季度监测数据、2018 年其他数据五个部分，每一部分都通过数据填报软件填报，并生成一个单独的上报包。其中各季度监测数据上报的内容包括监测点位、监测数据、监测点位照片、监测报告及污染源排放标准等；其他数据是指除监测数据之外的数据，包括指标证明材料、生态环境保护与管理的相关数据、生态环境保护工作情况及自查报告等信息。由于监测数据和其他数据上报要求不同，为了便于县级上报，将在下文中分章节说明。

1.2 监测数据上报

1.2.1 填报内容及要求

1.2.1.1 环境状况监测

（1）地表水水质监测数据

地表水水质监测原始数据填写要求见表 1。

表 1 地表水水质监测原始数据填写要求

指标项	填写要求	是否必填
水质监测断面代码	填写水质监测断面代码，填报时可从填报软件获取	是
水质监测断面名称	填写水质监测断面名称，如"潜山自来水公司取水口"	是
监测时间（年月日）	填写数据监测时间，精确到日，格式为"某年/某月/某日"，如"2011/7/1"	是
水温	单位：℃。填阿拉伯数字，小数点后保留 2 位数字，如：69.70	是
pH	填写方法同水温	是
溶解氧	单位：mg/L。填写方法同水温	是
高锰酸盐指数	单位：mg/L。填写方法同水温	是
化学需氧量	单位：mg/L。填写方法同水温	是
五日生化需氧量	单位：mg/L。填写方法同水温	是
氨氮	单位：mg/L。填阿拉伯数字，小数点后保留 3 位数字，如：7.231	是
总磷	单位：mg/L。填写方法同氨氮	是
总氮	单位：mg/L。填写方法同氨氮	是
铜	单位：mg/L。填写方法同氨氮	是
锌	单位：mg/L。填写方法同氨氮	是
氟化物（以 F^- 计）	单位：mg/L。填写方法同氨氮	是
硒	单位：mg/L。填写方法同氨氮	是
砷	单位：mg/L。填写方法同氨氮	是
汞	单位：mg/L。小数点后保留 5 位数字，如：0.000 25。	是
镉	单位：mg/L。小数点后保留 4 位数字，如：0.006 5	是
铬（六价）	单位：mg/L。填写方法同氨氮	是
铅	单位：mg/L。填写方法同氨氮	是
氰化物	单位：mg/L。填写方法同氨氮	是
挥发酚	单位：mg/L。小数点后保留 4 位数字，如：0.006 5	是
石油类	单位：mg/L。填写方法同氨氮	是
阴离子表面活性剂	单位：mg/L。填写方法同氨氮	是
硫化物	单位：mg/L。填阿拉伯数字，小数点后保留 2 位数字，如：7.23	是
流量	单位：m^3/s。填写方法同硫化物	否

指标项	填写要求	是否必填
电导率	单位：μS/cm。填阿拉伯数字，小数点后保留 1 位数字，如：7.3	否
备注	其他内容	否

注：如果某指标项没有监测，则填"–9999"或不填；针对未检出项目，填报实验室检出下限值的 1/2，并在前面加一个负（"–"）号，以标示该值为未检出值，即格式为："–"＋"实验值检出下限值的 1/2"，如某监测项目检出下限值为"0.8 mg/L"，则填报为"–0.4"。若个别指标项因仪器精度较高，检测值超出要求中的小数位数时，可保留。

另外，国控地表水断面的水质监测数据不再导入。

（2）空气质量监测数据

空气质量监测数据填写要求见表 2。

表 2　空气质量监测数据填写要求

指标项	填写要求	是否必填
空气监测点位代码	填写空气监测点代码，填报时可从填报软件获取	是
空气监测点位名称	填写空气监测点全名，如"三八门市部楼顶"	是
监测时间	填写数据监测时间，精确到日，格式为"某年/某月/某日"，如"2011/7/1"	是
可吸入颗粒物（PM_{10}）	单位：$\mu g/m^3$。填写日均浓度值	是
二氧化硫	单位：$\mu g/m^3$。填写日均浓度值	是
二氧化氮	单位：$\mu g/m^3$。填写日均浓度值	是
可吸入颗粒物（$PM_{2.5}$）	单位：$\mu g/m^3$。填写日均浓度值	是
一氧化碳	单位：mg/m^3。填写日均浓度值	是
臭氧	单位：$\mu g/m^3$。填写 8 小时滑动均浓度值	是

注：如果某项空气污染物没有监测，则填"–9999"或不填；针对未检出项目，填报实验室检出下限值的 1/2，并在前面加一个负（"–"）号，以标示该值为未检出值，即格式为："–"＋"实验值检出下限值的 1/2"，如某监测项目检出下限值为"8 $\mu g/m^3$"，则填报为"–4"。

（3）污染源排放监测数据

污染源排放监测数据填写要求见表 3。

表 3　污染源排放监测数据填写要求

指标项	填写要求	是否必填
污染源（企业）名称	填写污染源（企业）名称	是
污染源代码	填写污染源代码，填报时可从填报软件查询获取	是
排口名称	填写污染源的排口名称，注意不能用1、2等阿拉伯数字表示排口，如果必须用数值表示拍口，则用一、二表示，如"某某企业排口一"	是
监测时间	填写开展监测的具体时间，精确到日，格式为"某年/某月/某日"，如"2011/7/1"	是
季度	填写监测数据所属季度，如"第一季度"	是
评价标准	填写该污染源所采用的标准名称，如《煤炭工业污染物排放标准》（GB 20426—2006）"，若有多个标准，则用分号"；"隔开	是
监测项目	填写所监测的项目名称，包括单位，如"氨氮（mg/L）"	是
监测值	填写污染物监测结果，用阿拉伯数字表示，根据污染物类型不同，小数点后保留2位或3位数字，如7.89或7.898	是
标准值上限	若评价标准中污染物浓度有上限值就填写上限值，没有可不填。注意"标准值上限"与"标准值下限"两者至少其一	是
标准值下限	若评价标准中污染物浓度有下限值就填写下限值，没有可不填。注意"标准值上限"与"标准值下限"两者至少其一	是
备注	其他内容	否

注：如果某项指标没有监测，则填"–9999"或不填；针对未检出项目，填报实验室检出下限值的1/2，并在前面加一个负（"–"）号，以标示该值为未检出值，即格式为："–"+"实验值检出下限值的 1/2"，如某监测项目检出下限值为"0.8 mg/L"，则填报为"–0.4"。

（4）集中式饮用水水源地监测点信息（地表水）

集中式饮用水水源地监测点填写要求见表4。

表 4　集中式饮用水水源地监测点数据填写要求

指标项	填写要求	是否必填
水质监测断面代码	填写水质监测断面代码，填报时可从填报软件获取	是
水质监测断面名称	填写水质监测断面名称，如"潜山自来水公司取水口"	是
监测时间	填写数据监测时间，精确到日，格式为"某年/某月/某日"，如"2011/7/1"	是

指标项	填写要求	是否必填
水温	单位：℃。填阿拉伯数字，小数点后保留 2 位数字，如：69.70	是
pH	填写方法同水温	是
溶解氧	单位：mg/L。填写方法同水温	是
高锰酸盐指数	单位：mg/L。填写方法同水温	是
五日生化需氧量	单位：mg/L。填写方法同水温	是
氨氮	单位：mg/L。填阿拉伯数字，小数点后保留 3 位数字，如：7.231	是
总磷	单位：mg/L。填写方法同氨氮	是
总氮	单位：mg/L。填写方法同氨氮	是
铜	单位：mg/L。填写方法同氨氮	是
锌	单位：mg/L。填写方法同氨氮	是
氟化物（以 F^- 计）	单位：mg/L。填写方法同氨氮	是
硒	单位：mg/L。填写方法同氨氮	是
砷	单位：mg/L。填写方法同氨氮	是
汞	单位：mg/L。小数点后保留 5 位数字，如：0.000 25	是
镉	单位：mg/L。小数点后保留 4 位数字，如：0.006 5	是
铬（六价）	单位：mg/L。填写方法同氨氮	是
铅	单位：mg/L。填写方法同氨氮	是
氰化物	单位：mg/L。填写方法同氨氮	是
挥发酚	单位：mg/L。小数点后保留 4 位数字，如：0.006 5	是
石油类	单位：mg/L。填写方法同氨氮	是
阴离子表面活性剂	单位：mg/L。填写方法同氨氮	是
硫化物	单位：mg/L。填阿拉伯数字，小数点后保留 2 位数字，如：7.23	是
粪大肠菌群	单位：个/L。填阿拉伯数字，整数，如"2 003"	是
硫酸盐（以 SO_4^{2-} 计）	单位：mg/L。填写方法同氨氮	是
氯化物（以 Cl^- 计）	单位：mg/L。填写方法同氨氮	是
硝酸盐（以 N 计）	单位：mg/L。填写方法同氨氮	是
铁	单位：mg/L。填阿拉伯数字，小数点后保留 1 位数字，如：7.2	是
锰	单位：mg/L。填阿拉伯数字，小数点后保留 1 位数字，如：7.2	是

指标项	填写要求	是否必填
三氯甲烷	单位：mg/L。填阿拉伯数字，小数点后保留 2 位数字，如：7.23	是
四氯化碳	单位：mg/L。填阿拉伯数字，小数点后保留 3 位数字，如：7.231	是
三氯乙烯	单位：mg/L。填阿拉伯数字，小数点后保留 2 位数字，如：7.23	是
四氯乙烯	单位：mg/L。填阿拉伯数字，小数点后保留 2 位数字，如：7.23	是
苯乙烯	单位：mg/L。填阿拉伯数字，小数点后保留 2 位数字，如：7.23	是
甲醛	单位：mg/L。填阿拉伯数字，小数点后保留 1 位数字，如：7.2	是
苯	单位：mg/L。填阿拉伯数字，小数点后保留 2 位数字，如：7.23	是
甲苯	单位：mg/L。填阿拉伯数字，小数点后保留 1 位数字，如：7.2	是
乙苯	单位：mg/L。填阿拉伯数字，小数点后保留 1 位数字，如：7.2	是
二甲苯	单位：mg/L。填阿拉伯数字，小数点后保留 1 位数字，如：7.2	是
异丙苯	单位：mg/L。填阿拉伯数字，小数点后保留 2 位数字，如：7.23	是
氯苯	单位：mg/L。填阿拉伯数字，小数点后保留 1 位数字，如：7.2	是
1,2-二氯苯	单位：mg/L。填阿拉伯数字，小数点后保留 1 位数字，如：7.2	是
1,4-二氯苯	单位：mg/L。填阿拉伯数字，小数点后保留 1 位数字，如：7.2	是
三氯苯	单位：mg/L。填阿拉伯数字，小数点后保留 2 位数字，如：7.23	是
硝基苯	单位：mg/L。填阿拉伯数字，小数点后保留 3 位数字，如：7.231	是
二硝基苯	单位：mg/L。填阿拉伯数字，小数点后保留 1 位数字，如：7.2	是
硝基氯苯	单位：mg/L。填阿拉伯数字，小数点后保留 2 位数字，如：7.23	是
邻苯二甲酸二丁酯	单位：mg/L。填阿拉伯数字，小数点后保留 3 位数字，如：7.231	是
邻苯二甲酸二（2-乙基己基）酯	单位：mg/L。填阿拉伯数字，小数点后保留 3 位数字，如：7.231	是
滴滴涕	单位：mg/L。填阿拉伯数字，小数点后保留 3 位数字，如：7.231	是
林丹	单位：mg/L。填阿拉伯数字，小数点后保留 3 位数字，如：7.231	是
阿特拉津	单位：mg/L。填阿拉伯数字，小数点后保留 3 位数字，如：7.231	是
苯并[a]芘	单位：mg/L。填阿拉伯数字，小数点后保留 6 位数字，如：0.000 028	是
钼	单位：mg/L。填阿拉伯数字，小数点后保留 2 位数字，如：7.23	是
钴	单位：mg/L。填阿拉伯数字，小数点后保留 1 位数字，如：7.2	是
铍	单位：mg/L。填阿拉伯数字，小数点后保留 3 位数字，如：7.231	是
硼	单位：mg/L。填阿拉伯数字，小数点后保留 1 位数字，如：7.2	是

指标项	填写要求	是否必填
锑	单位：mg/L。填阿拉伯数字，小数点后保留 3 位数字，如：7.231	是
镍	单位：mg/L。填阿拉伯数字，小数点后保留 2 位数字，如：7.23	是
钡	单位：mg/L。填阿拉伯数字，小数点后保留 1 位数字，如：7.2	是
钒	单位：mg/L。填阿拉伯数字，小数点后保留 2 位数字，如：7.23	是
铊	单位：mg/L。填阿拉伯数字，小数点后保留 4 位数字，如：0.000 1	是
备注	其他内容	否

注：如果某项指标没有监测，则填"–9999"或不填；针对未检出项目，填报实验室检出下限值的 1/2，并在前面加一个负（"–"）号，以标示该值为未检出值，即格式为："–"+"实验值检出下限值的 1/2"，如某监测项目检出下限值为"8 μg/m³"，则填报为"–4"。

（5）集中式饮用水水源地监测点信息（地下水）

集中式饮用水水源地监测点填写要求见表 5。

表 5　集中式饮用水水源地监测点数据填写要求

指标项	填写要求	是否必填
水质监测断面代码	填写水质监测断面代码，填报时可从填报软件获取	是
水质监测断面名称	填写水质监测断面名称，如"潜山自来水公司取水口"	是
监测时间	填写数据监测时间，精确到日，格式为"某年/某月/某日"，如"2011/7/1"	是
pH	填阿拉伯数字，小数点后保留 2 位数字，如：69.70	是
总硬度	单位：mg/L。填阿拉伯数字，小数点后保留 1 位数字，如：0.1	是
硫酸盐（以 SO_4^{2-} 计）	单位：mg/L。填阿拉伯数字，小数点后保留 3 位数字，如：7.231	是
氯化物（以 Cl^- 计）	单位：mg/L。填阿拉伯数字，小数点后保留 3 位数字，如：7.231	是
铁	单位：mg/L。填阿拉伯数字，小数点后保留 1 位数字，如：7.2	是
锰	单位：mg/L。填阿拉伯数字，小数点后保留 1 位数字，如：7.2	是
铜	单位：mg/L。填阿拉伯数字，小数点后保留 3 位数字，如：7.231	是
锌	单位：mg/L。填阿拉伯数字，小数点后保留 3 位数字，如：7.231	是
挥发酚	单位：mg/L。小数点后保留 4 位数字，如：0.006 5	是
阴离子合成洗涤剂	单位：mg/L。填阿拉伯数字，小数点后保留 3 位数字，如：0.001	是
高锰酸盐指数	单位：mg/L。填阿拉伯数字，小数点后保留 2 位数字，如：69.70	是

指标项	填写要求	是否必填
硝酸盐（以 N 计）	单位：mg/L。填阿拉伯数字，小数点后保留 3 位数字，如：7.231	是
亚硝酸盐（以 N 计）	单位：mg/L。填阿拉伯数字，小数点后保留 4 位数字，如：0.000 1	是
氨氮	单位：mg/L。填阿拉伯数字，小数点后保留 3 位数字，如：7.231	是
氟化物（以 F⁻计）	单位：mg/L。填阿拉伯数字，小数点后保留 3 位数字，如：7.231	是
氰化物	单位：mg/L。填阿拉伯数字，小数点后保留 3 位数字，如：7.231	是
汞	单位：mg/L。小数点后保留 5 位数字，如：0.000 25	是
砷	单位：mg/L。填阿拉伯数字，小数点后保留 3 位数字，如：7.231	是
硒	单位：mg/L。填阿拉伯数字，小数点后保留 3 位数字，如：7.231	是
镉	单位：mg/L。小数点后保留 4 位数字，如：0.006 5	是
铬（六价）	单位：mg/L。填阿拉伯数字，小数点后保留 3 位数字，如：7.231	是
铅	单位：mg/L。填阿拉伯数字，小数点后保留 3 位数字，如：7.231	是
总大肠菌群	单位：个/L，填阿拉伯数字，整数，如"2 003"	是
备注	其他内容	否

注：如果某项指标没有监测，则填"−9999"或不填；针对未检出项目，填报实验室检出下限值的 1/2，并在前面加一个负（"−"）号，以标示该值为未检出值，即格式为："−"+"实验值检出下限值的 1/2"，如某监测项目检出下限值为"8 μg/m³"，则填报为"−4"。

污染源监测频次信息见表 6。

表 6　污染源监测频次信息

指标项	填写要求	是否必填
达标监测次数	整数	是
有效监测次数	整数	是
说明	文字说明	是

1.2.2.2　环境监测基本信息

（1）水质监测断面信息

水质监测断面信息填写要求见表 7，填报经过省、国家认定后的点位信息。

表 7 水质监测断面信息填写要求

指标项	填写要求	是否必填
水质监测断面代码	填报时可从软件模板自动生成	否
水质监测断面名称	填写水质监测断面名称，如"潜山自来水公司取水口"	是
断面性质	填"国控""省控"或"市控"	是
是否湖库	填"是"或"否"	是
河流/湖泊名称	填河流或湖泊名，如"白莲崖水库"	是
建立时间	填写建立时间，格式为"某年/某月/某日"，如"2011/7/1"	是
监测报告	水质监测报告为断面编码+"_"+断面名称+"_"+监测日期+"."+扩展名，断面编码为软件系统中以 WA 开头的站点编号；断面名称需为全称，但不含县名称；监测日期根据监测报告内容填写，若为季监测报告，则为"××××年××季度"，如：2013 年 1 季度，若为月监测报告，则为"××××年××月"，如：2013 年 01 月。报告须由报告编制单位审核盖章，同时提交电子稿（pdf）	是
经度（度）	填大小范围在 0～180 之间的阿拉伯数字，整数，如：69	是
经度（分）	填大小范围在 0～60 之间的阿拉伯数字，整数，如：39	是
经度（秒）	填大小范围在 0～60 之间的阿拉伯数字，小数点后保留 2 位，如：29.70	是
纬度（度）	填大小范围在 0～90 之间的阿拉伯数字，整数，如：69	是
纬度（分）	填大小范围在 0～60 之间的阿拉伯数字，整数，如：39	是
纬度（秒）	填大小范围在 0～60 之间的阿拉伯数字，小数点后保留 2 位，如：29.70	是
水质监测断面照片	以监测断面为对象，拍摄近景、远景照片。数码照片通过上报软件提交（照片无需事先命名，软件自动生成编码），照片格式为 jpg，尺寸不得小于 2 500×1 500 像素	是
监测类型	填"县自测""县部分自测""市测""省测""委托市场"或"其他"	是
监测单位	填监测单位名称	是
备注	其他内容	否

注："水质监测断面代码""水质监测断面名称""河流/湖泊名称""断面性质"和"建立时间"等信息随同软件下发，不可更改。若有个别需要修改，需报送国家审批。

（2）集中式饮用水水源地监测信息

集中式饮用水水源地监测信息填写要求见表 8。

表 8 集中式饮用水水源地监测信息填写要求

指标项	填写要求	是否必填
点位代码	自动生成	否
点位名称	填写水源地名	是
水源地类型	填"地表水"或"地下水"	是
服务区县或乡镇名称	填写水源地所服务的区县或乡镇名称，地区之间的名字用"、"隔开	是
服务人口数量	单位：万人。填阿拉伯数字，小数点后保留 1 位，如：22.7	是
是否划定水源地保护区	填"是"或"否"	是
政府批准实施时间	填写批准实施时间，格式为"某年/某月"，如"2011/7"	是
水源地保护区面积	单位：km^2。填阿拉伯数字，小数点后保留 2 位，如：82.70	是
是否开展水质监测	填"是"或"否"	是
水源地水质监测开始时间	单位：年。填写开始监测年份，如"2011"	是
监测频次	单位：次/年。填写整数，如：36	是
监测项目数量	单位：项。填写方法同上	是
监测报告	监测报告	是
经度（度）	填大小范围在 0～180 之间的阿拉伯数字，整数，如：69	是
经度（分）	填大小范围在 0～60 之间的阿拉伯数字，整数，如：39	是
经度（秒）	填大小范围在 0～60 之间的阿拉伯数字，小数点后保留 2 位，如：29.70	是
纬度（度）	填大小范围在 0～90 之间的阿拉伯数字，整数，如：69	是
纬度（分）	填大小范围在 0～60 之间的阿拉伯数字，整数，如：39	是
纬度（秒）	填大小范围在 0～60 之间的阿拉伯数字，小数点后保留 2 位，如：29.70	是
水源地照片	水源地照片	是
监测类型	填"县自测""县部分自测""市测""省测""委托市场"或"其他"	是
监测单位	填监测单位名称	是
备注	其他内容	否

其中，集中式饮用水水源地监测报告名称为点位编码+"_"+点位名称+"_"+监测日期+"."+扩展名，其中点位编码为软件系统中以 HW 开头的站点编号；点位名称需为全称，但不含县名称；监测日期根据监测报告内容填写同上。报告须由报告编制单位审核盖章，同时提交电子稿（pdf）。

集中式饮用水水源地照片：选取集中式饮用水水源地中典型地物为对象，拍摄近景、远景照片；以集中式饮用水水源地整体为对象，拍摄远景、全景照片。数码照片通过上报软件提交（照片无需事先命名，软件自动生成编码），照片格式为 jpg，尺寸不得小于2 500×1 500 像素。

（3）空气监测点位信息

空气监测点位信息填写要求见表 9，填报经省、国家认定后的空气监测点位信息。

表 9　空气监测点位信息填写要求

指标项	填写要求	是否必填
空气监测点位代码	自动生成	否
空气监测点位名称	填写空气监测点名，如"龙山县三八门市部楼顶"	是
监测方式	填"自动"或"手工"，自动表示已建立空气自动监测站，否则为手工	是
建立时间	填写建立时间，格式为"某年/某月/某日"，如"2011/7/1"	是
监测报告	监测报告	是
经度（度）	填大小范围在 0～180 之间的阿拉伯数字，整数，如：69	是
经度（分）	填大小范围在 0～60 之间的阿拉伯数字，整数，如：39	是
经度（秒）	填大小范围在 0～60 之间的阿拉伯数字，小数点后保留 2 位，如：29.70	是
纬度（度）	填大小范围在 0～90 之间的阿拉伯数字，整数，如：69	是
纬度（分）	填大小范围在 0～60 之间的阿拉伯数字，整数，如：39	是
纬度（秒）	填大小范围在 0～60 之间的阿拉伯数字，小数点后保留 2 位，如：29.70	是
空气监测点位照片	空气监测点位照片	是
监测类型	填"县自测""县部分自测""市测""省测""委托市场"或"其他"	是
监测单位	填监测单位名称	是
备注	其他内容	否

其中，空气质量监测报告名称为站点编码+"_"+站点名称+"_"+监测日期+"."+扩展名，其中站点编码为软件系统中以 AI 开头的站点编号；站点名称需为全称，但不含县名称；监测日期根据监测报告内容填写，若为月监测报告，则为"××××年××

月",如：2013 年 01 月。报告须由报告编制单位审核盖章，同时提交电子稿（pdf）。

空气监测点位照片：以监测点位为对象，拍摄近景、远景照片。数码照片通过上报软件提交（照片无需事先命名，软件自动生成编码），照片格式为 jpg，尺寸不得小于 2 500×1 500 像素。

注："空气监测点位代码""空气监测点位名称""监测方式"和"建站时间"等信息随同软件下发，不可更改。若有个别需要修改，需报送生态环境部审批。

（4）污染源基本信息

污染源基本信息填写要求见表 10，填报经省、国家认定后的污染源信息。

表 10　污染源基本信息填写要求

指标项	填写要求	是否必填
污染源代码	自动生成	否
污染源（企业）名称	填写污染源企业名，如"承德双九淀粉有限公司"	是
污染源类型	填"废水""废气""污水处理厂"或"重金属"	是
污染源性质	填"国控"、省控""市控"或"县控"	是
排放去向	填污染物排放去向，如"滦河"	是
监测项目	填写监测项目名称，如"pH、悬浮物、化学需氧量、铁、石油类、砷、镉、六价铬、铅"	是
污染源排放标准文件	污染源执行的排放标准文件	是
建立时间	填写污染源企业建立的时间	是
执行标准级别（污水处理厂）	填写污水处理厂执行的标准级别	是
经度（度）	填大小范围在 0～180 之间的阿拉伯数字，整数，如：69	是
经度（分）	填大小范围在 0～60 之间的阿拉伯数字，整数，如：39	是
经度（秒）	填大小范围在 0～60 之间的阿拉伯数字，小数点后保留 2 位，如：29.70	是
纬度（度）	填大小范围在 0～90 之间的阿拉伯数字，整数，如：69	是
纬度（分）	填大小范围在 0～60 之间的阿拉伯数字，整数，如：39	是
纬度（秒）	填大小范围在 0～60 之间的阿拉伯数字，小数点后保留 2 位，如：29.70	是
污染源照片	污染源照片	是
监测类型	填"县自测""县部分自测""市测""省测""委托市场"或"其他"	是
监测单位	填监测单位名称	是
备注	其他内容	否

其中污染源排放标准文件格式为 pdf（若只有纸质版的，扫描成 pdf，一个标准文档合并成一个文件），命名方式为："标准全称"+"（"+标准代码+"）"，如"煤炭工业污染物排放标准（GB 20426—2006）"。若一个污染源对应多个排放标准，则提供多个相关标准文件。

污染源排放监测报告名称为污染源编码+"_"+污染源名称+"_"+监测日期+"."+扩展名，其中污染源编码为软件系统统一编制的编号；污染源名称需为全称；监测日期根据监测报告内容填写同上。报告须由报告编制单位审核盖章，同时提交电子稿（pdf）。

污染源照片：以各污染源排口为对象，拍摄近景、远景照片；以污染源（如污染企业）为对象，拍摄近景、远景、全景照片。数码照片通过上报软件提交（照片无需事先命名，软件自动生成编码），照片格式为 jpg，尺寸不得小于 2 500×1 500 像素。

注："污染源代码""污染源（企业）名称""污染源类型""污染源性质"等信息随同软件下发，不可更改。若有个别需要修改，需报送生态环境部审批。

1.2.2.3　纸质文档

包括：

① 空气质量监测报告；

② 地表水水质监测报告；

③ 污染源排放监测报告；

④ 集中式饮用水水源地水质监测报告。

环境监测报告须由报告编制单位审核盖章。

1.2.2　材料上报要求

1.2.2.1　材料上报内容

本年度国家重点生态功能区县域生态环境质量考核所需提交的材料包括电子文档和纸质材料两部分：

① 电子文档通过填报软件录入，通过软件加密打包后，将打包文件以光盘或 U 盘的方式报送。

② 纸质材料上报提供环境监测报告。

1.2.2.2　纸质材料装订要求

纸质材料需合订成册，具体装订规范如下：

（1）内容排列顺序

装订时按封面、目录、监测报告顺序装订。封面、目录格式见附录 1。

（2）具体装订要求

①开本及版芯

开本大小：210mm×297mm（A4 纸）。

版芯要求：左边距：30mm，右边距：25mm，上边距：30mm，下边距：25mm。

页眉边距：23mm，页脚边距：18mm。

②正文字体

正文采用小四号宋体，行间距为 19 磅。

③页码

正文需要标明页码，标注在页面底端居中

④封面

采用统一格式（见附录 1），封面用纸为白色铜版纸。

⑤纸张

一律用 A4 打印纸装订。

⑥内容隔页

内容间用红色或绿色隔页纸隔开。

⑦装订

无线胶装。

1.3 其他数据上报

1.3.1 填报内容及要求

1.3.1.1 指标数据证明材料

填写要求见表 11 至表 22。

表 11 区县国土面积填写要求

指标项	填写要求	是否必填
县域面积	单位：km^2。填写阿拉伯数字，小数点后保留 2 位数字，如：82.70	是

注：若指标数据由于客观原因没法填报的，填"-"（英文中划线），不允许填其他符号或空缺。

表 12 林地指标填写要求

指标项	填写要求	是否必填
有林地	单位：km^2。填写阿拉伯数字，小数点后保留 2 位数字，如：82.70	是
灌木林地	单位：km^2。填写方法同上	是
其他林地	单位：km^2。填写方法同上	是
林地变化情况	填写林地变化情况，文字描述	是
林地变化原因分析	填写林地变化原因分析，文字描述	是

注：若指标数据由于客观原因没法填报的，填"-"（英文中划线），不允许填其他符号或空缺。

表 13 草地指标填写要求

指标项	填写要求	是否必填
高覆盖度草地	单位：km^2。填写阿拉伯数字，小数点后保留 2 位数字，如：82.70	是
中覆盖度草地	单位：km^2。填写方法同上	是
低覆盖度草地	单位：km^2。填写方法同上	是
草地变化情况	填写草地变化情况，文字描述	是
草地变化原因分析	填写草地变化原因分析，文字描述	是

注：若指标数据由于客观原因没法填报的，填"-"（英文中划线），不允许填其他符号或空缺。

表 14 水域湿地指标填写要求

指标项	填写要求	是否必填
河流水面	单位：km^2。填写阿拉伯数字，小数点后保留 2 位数字，如：82.70	是
湖库	单位：km^2。填写方法同上	是
滩涂湿地	单位：km^2。填写方法同上	是
沼泽	单位：km^2。填写方法同上	是
水域湿地变化情况	填写水域湿地变化情况，文字描述	是
水域湿地变化原因分析	填写水域湿地变化原因分析，文字描述	是

注：若指标数据由于客观原因没法填报的，填"-"（英文中划线），不允许填其他符号或空缺。

表 15 耕地和建设用地指标填写要求

指标项	填写要求	是否必填
水田	单位：km^2。填写阿拉伯数字，小数点后保留 2 位数字，如：82.70	是
旱地	单位：km^2。填写方法同上	是
城镇建设用地	单位：km^2。填写方法同上	是

指标项	填写要求	是否必填
农村居民地	单位：km²。填写方法同上	是
其他建设用地	单位：km²。填写方法同上	是
耕地和建设用地变化情况	填写耕地和建设用地变化情况，文字描述	是
耕地和建设用地变化原因分析	填写耕地和建设用地变化原因分析，文字描述	是

注：若指标数据由于客观原因没法填报的，填"-"（英文中划线），不允许填其他符号或空缺。

表 16　未利用地指标填写要求

指标项	填写要求	是否必填
沙地/沙漠	单位：km²。填写阿拉伯数字，小数点后保留 2 位数字，如：82.70	是
戈壁	单位：km²。填写方法同上	是
盐碱地	单位：km²。填写方法同上	是
裸地	单位：km²。填写方法同上	是
裸岩	单位：km²。填写方法同上	是
未利用地变化情况	填写未利用地变化情况，文字描述	是
未利用地变化原因分析	填写未利用地变化原因分析，文字描述	是

注：若指标数据由于客观原因没法填报的，填"-"（英文中划线），不允许填其他符号或空缺。

表 17　沙化土地指标填写要求

指标项	填写要求	是否必填
固定沙丘（地）	单位：km²。填写阿拉伯数字，小数点后保留 2 位数字，如：28.30	是
半固定沙丘（地）	单位：km²。填写方法同上	是
流动沙丘（地）	单位：km²。填写方法同上	是
风蚀残丘	单位：km²。填写方法同上	是
风蚀劣地	单位：km²。填写方法同上	是
戈壁	单位：km²。填写方法同上	是
沙化耕地	单位：km²。填写方法同上	是
露沙地	单位：km²。填写方法同上	是

注：若指标数据由于客观原因没法填报的，填"-"（英文中划线），不允许填其他符号或空缺。

表 18 土壤侵蚀指标填写要求

指标项	填写要求	是否必填
微度侵蚀面积	单位：km^2。填写阿拉伯数字，小数点后保留 2 位数字，如：28.30	是
轻度侵蚀面积	单位：km^2。填写方法同上	是
中度侵蚀面积	单位：km^2。填写方法同上	是
强烈侵蚀面积	单位：km^2。填写方法同上	是
极强烈侵蚀面积	单位：km^2。填写方法同上	是
剧烈侵蚀面积	单位：km^2。填写方法同上	是

注：若指标数据由于客观原因没法填报的，填"-"（英文中划线），不允许填其他符号或空缺。

表 19 城镇污水集中处理率指标填写要求

指标项	填写要求	是否必填
城镇污水处理厂生活污水处理量	单位：万 t。填写阿拉伯数字，小数点后保留 2 位数字，如：1200.70	是
城镇生活污水排放总量	单位：万 t。填写方法同上	是
城镇生活污水集中处理率	单位：%。填写方法同上	是

注：若指标数据由于客观原因没法填报的，填"-"（英文中划线），不允许填其他符号或空缺。

表 20 城镇生活垃圾无害化处理率指标证明材料

指标项	填写要求	是否必填
城镇生活垃圾无害化处理量/万 t	单位：万 t。填写阿拉伯数字，小数点后保留 2 位数字，如：1200.70	是
城镇生活垃圾产生总量/万 t	单位：万 t。填写方法同上	是
城镇生活垃圾无害化处理率/%	单位：%。填写方法同上	是

注：若指标数据由于客观原因没法填报的，填"-"（英文中划线），不允许填其他符号或空缺。

表 21 专项转移支付资金证明材料填写要求

指标项	填写要求	是否必填
大气污染防治资金/万元	单位：万元。填阿拉伯数字，小数点后保留 2 位数字，如：7.23	是
水污染防治资金/万元	单位：万元。填阿拉伯数字，小数点后保留 2 位数字，如：7.23	是
节能减排补助资金/万元	单位：万元。填阿拉伯数字，小数点后保留 2 位数字，如：7.23	是

指标项	填写要求	是否必填
城市管网专项资金/万元	单位：万元。填阿拉伯数字，小数点后保留 2 位数字，如：7.23	是
土壤污染防治专项资金/万元	单位：万元。填阿拉伯数字，小数点后保留 2 位数字，如：7.23	是
排污费支出/万元	单位：万元。填阿拉伯数字，小数点后保留 2 位数字，如：7.23	是
天然林保护工程补助经费/万元	单位：万元。填阿拉伯数字，小数点后保留 2 位数字，如：7.23	是
退耕还林工程财政专项资金/万元	单位：万元。填阿拉伯数字，小数点后保留 2 位数字，如：7.23	是
江河湖库水系综合整治资金/万元	单位：万元。填阿拉伯数字，小数点后保留 2 位数字，如：7.23	是
农业资源及生态保护补助资金/万元	单位：万元。填阿拉伯数字，小数点后保留 2 位数字，如：7.23	是
农田水利设施建设和水土保持补助资金/万元	单位：万元。填阿拉伯数字，小数点后保留 2 位数字，如：7.23	是
水利发展资金/万元	单位：万元。填阿拉伯数字，小数点后保留 2 位数字，如：7.23	是
林业生态保护恢复资金/万元	单位：万元。填阿拉伯数字，小数点后保留 2 位数字，如：7.23	是
农村环境整治资金/万元	单位：万元。填阿拉伯数字，小数点后保留 2 位数字，如：7.23	是
其他专项转移资金/万元	单位：万元。填阿拉伯数字，小数点后保留 2 位数字，如：7.23	是

注：若指标数据由于客观原因没法填报的，填"-"（英文中划线），不允许填其他符号或空缺。

表 22　产业增加值指标证明材料填写要求

指标项	填写要求	是否必填
第一产业增加值/万元	单位：万元。填阿拉伯数字，小数点后保留 2 位数字，如：7.23	是
第二产业增加值/万元	单位：万元。填阿拉伯数字，小数点后保留 2 位数字，如：7.23	是
第三产业增加值/万元	单位：万元。填阿拉伯数字，小数点后保留 2 位数字，如：7.23	是

注：若指标数据由于客观原因没法填报的，填"-"（英文中划线），不允许填其他符号或空缺。

1.3.1.2　环境监测信息

（1）污染源监管

考核污染源企业自行监测、信息公开以及环境监察情况的信息文件，格式为 pdf。

（2）空气自动站联网证明

空气自动站联网证明，格式为 pdf。该信息由省级部门上报。

1.3.1.3　生态环境保护与管理

（1）生态保护成效

填写要求见表 23 至表 25。

表 23　生态环境保护创建填写要求

指标项	填写要求	是否必填
生态环境保护创建编号	见表 39 中的相应编码方式	是
生态环境保护创建名称	填写生态环境保护创建名称	是
创建年份	填写开始创建年份，用阿拉伯数字填写，如"2013"	是
类别	填写"国家级生态县""国家生态文明先行示范区""环保模范城市"或"国家公园"	是
批准部门	生态环境保护创建批准部门	是
概况	生态环境保护创建描述	是
证明材料	相关证明材料，格式为 pdf	是
备注	其他内容	否

表 24　生态保护红线区等受保护区域信息填写要求

指标项	填写要求	是否必填
自然保护区代码	见表 39 中的相应编码方式	是
自然保护区名称	填写自然保护区名称	是
类型	填"自然保护区""风景名胜区""地质公园"等	是
级别	填"国家级""省级""市级"或"县级"	是
面积	单位：km^2。填阿拉伯数字，小数点后保留 2 位数字，如：82.70	是
设立时间	填写设立时间，格式为"某年/某月/某日"，如"2011/7/1"	是
证明材料	相关证明材料，格式为 pdf	是
自然保护区照片	自然保护区照片	是
是否认定	国家级、省级，县级不能修改	否
红线区与其他保护区重复面积/km^2	若类型为生态保护红线，要填写与其他保护区重复面积，单位为 km^2	否
备注	其他内容	否

其中自然保护区等受保护区照片：选取自然保护区等受保护区中典型地物为对象，拍摄近景、远景照片；以自然保护区等受保护区整体为对象，拍摄远景、全景照片。数码照片通过上报软件提交（照片无需事先命名，软件自动生成编码），照片格式为 jpg，尺寸不得小于 2 500×1 500 像素。

表 25　生态环境保护与治理支出填写要求

指标项	填写要求	是否必填
县域财政支出预算	单位：万元。填阿拉伯数字，小数点后保留 2 位数字，如：7.23	是
其中：环境污染治理支出	单位：万元。填阿拉伯数字，小数点后保留 2 位数字，如：7.23	是
其中：生态保护与修复支出	单位：万元。填阿拉伯数字，小数点后保留 2 位数字，如：7.23	是
中央财政拨付转移支付经费	单位：万元。填阿拉伯数字，小数点后保留 2 位数字，如：7.23	是
环境监测支出	单位：万元。填阿拉伯数字，小数点后保留 2 位数字，如：7.23	是
证明材料	县域财政支出预算的相关材料，格式为 pdf	是

（2）环境污染防治

填写要求见表 26 至表 29。

表 26　减排任务完成情况填写要求

指标项	填写要求	是否必填
减排任务编号	见表 39 中的相应编码方式	是
减排任务名称	填写减排任务名称	是
制定年份	填写制定年份，用阿拉伯数字填写，如"2013"	是
概述	减排任务描述	是
是否完成	填"是"或"否"	是
减排任务文件证明材料	相关证明材料，格式为 pdf	是
减排任务完成情况证明材料	相关证明材料，格式为 pdf	是
备注	其他内容	否

表27　产业准入负面清单制定情况填写要求

指标项	填写要求	是否必填
制定年份	填写制定年份，用阿拉伯数字填写，如"2013"	是
证明材料	负面清单相关证明材料，格式为 pdf	是
备注	说明	是

注：若未制定产业准入负面清单，该表不填。

表28　产业准入负面清单考核情况填写要求

指标项	填写要求	是否必填
年份	填写制定年份，用阿拉伯数字填写，如"2013"	是
考核情况	考核情况说明	是
证明材料	相关证明材料，格式为 pdf	是
备注	说明	否

注：若未制定产业准入负面清单，该表不填。

表29　农村环境综合整治情况填写要求

指标项	填写要求	是否必填
整治编号	见表39中的相应编码方式	是
整治名称	填写整治名称	是
整治类型	包括三种类型：农村环境综合整治、乡镇生活污水收集、乡镇生活垃圾收集	是
已完成综合整治行政村数量/已开展垃圾收集乡镇数量/已开展污水收集乡镇数量/个	若为农村环境综合整治填已完成综合整治行政村数量； 若为乡镇垃圾收集填已开展垃圾收集乡镇数量； 若为乡镇生活污水收集填已开展污水收集乡镇数量	是
实施地点（明确到具体乡镇村屯）	农村环境综合整治涉及的乡镇村屯	是
整治内容	整治说明	是
证明材料	立项文件、图片资料，格式为 pdf	是
照片	农村环境综合整治照片，格式为 jpg	是
备注	补充说明	否

　　照片：选取农村环境综合整治情况中典型地物为对象，拍摄近景、远景照片；以农村环境综合整治整体为对象，拍摄远景、全景照片。数码照片通过上报软件提交（照片无需事先命名，软件自动生成编码），照片格式为 jpg，尺寸不得小于 2 500×1 500 像素。

（3）环境基础设施运行

　　填写要求见表 30 和表 31。

表 30　污水集中处理设施填写要求

指标项	填写要求	是否必填
污水处理设施代码	见表 39 中的相应编码方式	是
污水处理设施名称	填写污水处理设施名称	是
日处理能力	单位：t/d。填阿拉伯数字，小数点后保留 2 位，如：29.70	是
运行状态	填写"已运行""试运行"或"建设中"	是
建立时间	填写建立时间，格式为"某年/某月/某日"，如"2011/7/1"	是
证明材料	提供设施建设、验收、运行等相关证明材料，格式为 pdf	是
经度（度）	填大小范围在 0～180 之间的阿拉伯数字，整数，如：69	是
经度（分）	填大小范围在 0～60 之间的阿拉伯数字，整数，如：39	是
经度（秒）	填大小范围在 0～60 之间的阿拉伯数字，小数点后保留 2 位，如：29.70	是
纬度（度）	填大小范围在 0～90 之间的阿拉伯数字，整数，如：69	是
纬度（分）	填大小范围在 0～60 之间的阿拉伯数字，整数，如：39	是
纬度（秒）	填大小范围在 0～60 之间的阿拉伯数字，小数点后保留 2 位，如：29.70	是
照片	以污水集中处理设施为对象，拍摄近景、远景照片。数码照片通过上报软件提交（照片无需事先命名，软件自动生成编码），照片格式为 jpg，尺寸不得小于 2 500×1 500 像素	是
证明文件	提供污水处理厂运行、在线监控数据、有效性监测报告等资料以及年度污水排放总量、收集量、达标排放量、污水管网建设等材料。格式为 pdf	是
备注	其他内容	否

表 31　垃圾填埋场填写要求

指标项	填写要求	是否必填
垃圾填埋场代码	见表 39 中的相应编码方式	是
垃圾填埋场名称	填写垃圾填埋场名称	是
运行状态	填写"已运行""试运行"或"建设中"	是
处理方式	填写"填埋""焚烧"或"发电"	是
垃圾填埋场面积	单位：km^2。填写阿拉伯数字，小数点后保留 2 位数字，如：7.23	是
日处理能力	单位：t/d。填阿拉伯数字，小数点后保留 2 位，如：29.70	是
建立时间	填写建立时间，格式为"某年/某月/某日"，如"2011/7/1"	是
证明材料	相关证明材料，提供设施建设、验收、运行等相关证明材料。格式为 pdf	是
经度（度）	填大小范围在 0～180 之间的阿拉伯数字，整数，如：69	是
经度（分）	填大小范围在 0～60 之间的阿拉伯数字，整数，如：39	是
经度（秒）	填大小范围在 0～60 之间的阿拉伯数字，小数点后保留 2 位，如：29.70	是
纬度（度）	填大小范围在 0～90 之间的阿拉伯数字，整数，如：69	是
纬度（分）	填大小范围在 0～60 之间的阿拉伯数字，整数，如：39	是
纬度（秒）	填大小范围在 0～60 之间的阿拉伯数字，小数点后保留 2 位，如：29.70	是
照片	以垃圾填埋场填埋坑为对象，拍摄近景、远景照片；以垃圾填埋场为对象，拍摄远景、全景照片。数码照片通过上报软件提交（照片无需事先命名，软件自动生成编码），照片格式为 jpg，尺寸不得小于 2 500×1 500 像素。	是
证明文件	提供县域生活垃圾产生量、清运量、处理量等数据以及生活垃圾处理设施运行状况资料。格式为 pdf。	是
备注	其他内容	是

（4）县域考核工作组织

填写要求见表32。

表 32　自查工作组织情况填写要求

指标项	填写要求	是否必填
年份	自动生成	否
考核工作组织情况	填写考核工作组织情况的主要内容，文字描述	是
部门分工情况	填写部门分工情况，文字描述	是
证明材料	提供县域考核组织领导小组、考核实施方案证明材料，格式为 pdf	是

1.3.1.4　生态环境保护工作情况信息

填写要求见表33和表34。

表 33　县域生态环境保护工作填写要求

指标项	填写要求	是否必填
年份	自动生成	否
生态环境保护投入情况	填写县域生态环境保护投入情况等内容，文字描述	是
生态保护与建设工程情况	填写县域生态保护与建设工程情况等内容，文字描述	是
环境监管及治理情况	填写县域环境监管及治理情况等内容，文字描述	是
生态环境保护成效	填写生态项目建设所取得的成效，文字描述	是

表 34　县域概况及其他情况说明填写要求

指标项	填写要求	是否必填
年份	自动生成	否
县域概况	填写人口、社会经济、产业结构、发展模式等内容，文字描述	是
其他情况	填写其他情况，文字描述	是

1.3.1.5　其他信息

填写要求见表35至表38。

表 35　县域自然、社会、经济基本情况表填写要求

指标项	填写要求	是否必填
统计年份	填写统计年份，用阿拉伯数字填写，如"2013"	是
土地总面积	单位：km^2。填写区县面积，阿拉伯数字，小数点后保留 2 位，如：82.70	是
乡镇数量	单位：个。阿拉伯数字，整数，如 37	是
行政村数量	单位：个。填写方法同上	是
自然村数量	单位：个。填写方法同上	是
县域总人口数	单位：万人。阿拉伯数字，小数点后保留 2 位数字，如：182.71	是
城镇人口数	单位：万人。填写方法同上	是
地区生产总值	单位：万元。阿拉伯数字，整数，如 14 791	是
单位 GDP 能耗	单位：t 标煤/万元。阿拉伯数字，小数点后保留 2 位，如：1.22	是
万元 GDP 耗水量	单位：t/万元。填写方法同上	是
化肥施用量	单位：t。阿拉伯数字，小数点后保留 1 位数字，如：16.4	是
农药施用量	单位：t。填写方法同上	是
全年平均气温	单位：℃。阿拉伯数字，小数点后保留 1 位数字，如：16.4	是
降水量	单位：mm。填写方法同上	是
耕地面积	单位：亩。填写方法同上	是
播种面积	单位：亩。填写方法同上	是
水土流失面积	单位：km^2。阿拉伯数字，小数点后保留 2 位，如：82.70	是
水土流失治理面积	单位：km^2。填写方法同上	是
荒漠化面积	单位：km^2。填写方法同上	是
荒漠化治理面积	单位：km^2。填写方法同上	是
备注	其他内容	否

注：填报考核年上一年的数据。

表 36　农村环境连片整治情况填写要求

指标项	填写要求	是否必填
项目编号	见编码方式	是
项目名称	填写农村环境连片整治项目名称	是

指标项	填写要求	是否必填
项目起始时间	填写项目起始时间，格式为"某年/某月"，如"2011/7"	是
项目周期	单位：月。填写项目建设周期，阿拉伯数字，整数，如：24	是
经费投入	单位：万元。填投入总金额，阿拉伯数字，整数，如：1 282	是
国家投资	单位：万元。填写方法同上	是
地方配套	单位：万元。填写方法同上	是
实施地点	填写项目实施地区，明确到具体乡镇村屯	是
建设内容	填写项目主要内容，文字描述	是
成效	填写项目建设所取得的成效，文字描述	是
照片	项目相关数码照片	是
备注	其他内容	否

其中农村环境连片整治情况照片：选取农村环境连片整治中典型情况为对象，拍摄近景、远景照片；以农村环境连片整治情况整体为对象，拍摄远景、全景照片。数码照片通过上报软件提交（照片无需事先命名，软件自动生成编码），照片格式为 jpg，尺寸不得小于 2 500×1 500 像素。

表37　土地利用信息表填写要求

指标项	填写要求	是否必填
统计年份	填写统计年份，用阿拉伯数字填写，如"2013"	是
水田	单位：km^2。填写水田面积，阿拉伯数字，小数点后保留2位，如：82.70	是
水浇地	单位：km^2。填写水浇地面积，阿拉伯数字，小数点后保留2位，如：82.70	是
旱地	单位：km^2。填写旱地面积，阿拉伯数字，小数点后保留2位，如：82.70	是
果园	单位：km^2。填写果园面积，阿拉伯数字，小数点后保留2位，如：82.70	是
茶园	单位：km^2。填写茶园面积，阿拉伯数字，小数点后保留2位，如：82.70	是
其他园地	单位：km^2。填写其他园地面积，阿拉伯数字，小数点后保留2位，如：82.70	是
有林地	单位：km^2。填写有林地面积，阿拉伯数字，小数点后保留2位，如：82.70	是
灌木林地	单位：km^2。填写灌木林地面积，阿拉伯数字，小数点后保留2位，如：82.70	是

指标项	填写要求	是否必填
其他林地	单位：km²。填写其他林地面积，阿拉伯数字，小数点后保留 2 位，如：82.70	是
天然牧草地	单位：km²。填写天然牧草地面积，阿拉伯数字，小数点后保留 2 位，如：82.70	是
人工牧草地	单位：km²。填写人工牧草地面积，阿拉伯数字，小数点后保留 2 位，如：82.70	是
其他草地	单位：km²。填写其他草地面积，阿拉伯数字，小数点后保留 2 位，如：82.70	是
批发零售用地	单位：km²。填写批发零售用地面积，阿拉伯数字，小数点后保留 2 位，如：82.70	是
住宿餐饮用地	单位：km²。填写住宿餐饮用地面积，阿拉伯数字，小数点后保留 2 位，如：82.70	是
商务金融用地	单位：km²。填写商务金融用地面积，阿拉伯数字，小数点后保留 2 位，如：82.70	是
其他商服用地	单位：km²。填写其他商服用地面积，阿拉伯数字，小数点后保留 2 位，如：82.70	是
工业用地	单位：km²。填写工业用地面积，阿拉伯数字，小数点后保留 2 位，如：82.70	是
采矿用地	单位：km²。填写采矿用地面积，阿拉伯数字，小数点后保留 2 位，如：82.70	是
仓储用地	单位：km²。填写仓储用地面积，阿拉伯数字，小数点后保留 2 位，如：82.70	是
城镇住宅用地	单位：km²。填写城镇住宅用地面积，阿拉伯数字，小数点后保留 2 位，如：82.70	是
农村宅基地	单位：km²。填写农村宅基地面积，阿拉伯数字，小数点后保留 2 位，如：82.70	是
机关团体用地	单位：km²。填写机关团体用地面积，阿拉伯数字，小数点后保留 2 位，如：82.70	是
新闻出版用地	单位：km²。填写新闻出版用地面积，阿拉伯数字，小数点后保留 2 位，如：82.70	是
教科用地	单位：km²。填写教科用地面积，阿拉伯数字，小数点后保留 2 位，如：82.70	是
医卫慈善用地	单位：km²。填写医卫慈善用地面积，阿拉伯数字，小数点后保留 2 位，如：82.70	是

指标项	填写要求	是否必填
文体娱乐用地	单位：km²。填写文体娱乐用地面积，阿拉伯数字，小数点后保留2位，如：82.70	是
公共设施用地	单位：km²。填写公共设施用地面积，阿拉伯数字，小数点后保留2位，如：82.70	是
公园与绿地	单位：km²。填写公园与绿地面积，阿拉伯数字，小数点后保留2位，如：82.70	是
风景名胜设施用地	单位：km²。填写风景名胜设施用地面积，阿拉伯数字，小数点后保留2位，如：82.70	是
军事设施用地	单位：km²。填写军事设施用地面积，阿拉伯数字，小数点后保留2位，如：82.70	是
使领馆用地	单位：km²。填写使领馆用地面积，阿拉伯数字，小数点后保留2位，如：82.70	是
监教场所用地	单位：km²。填写监教场所用地面积，阿拉伯数字，小数点后保留2位，如：82.70	是
宗教用地	单位：km²。填写宗教用地面积，阿拉伯数字，小数点后保留2位，如：82.70	是
殡葬用地	单位：km²。填写殡葬用地面积，阿拉伯数字，小数点后保留2位，如：82.70	是
铁路用地	单位：km²。填写铁路用地面积，阿拉伯数字，小数点后保留2位，如：82.70	是
公路用地	单位：km²。填写公路用地面积，阿拉伯数字，小数点后保留2位，如：82.70	是
街巷用地	单位：km²。填写街巷用地面积，阿拉伯数字，小数点后保留2位，如：82.70	是
农村道路	单位：km²。填写农村道路面积，阿拉伯数字，小数点后保留2位，如：82.70	是
机场用地	单位：km²。填写机场用地面积，阿拉伯数字，小数点后保留2位，如：82.70	是
港口码头用地	单位：km²。填写港口码头用地面积，阿拉伯数字，小数点后保留2位，如：82.70	是
管道运输用地	单位：km²。填写管道运输用地面积，阿拉伯数字，小数点后保留2位，如：82.70	是
河流水面	单位：km²。填写河流水面面积，阿拉伯数字，小数点后保留2位，如：82.70	是

指标项	填写要求	是否必填
湖泊水面	单位：km²。填写湖泊水面面积，阿拉伯数字，小数点后保留2位，如：82.70	是
水库水面	单位：km²。填写水库水面面积，阿拉伯数字，小数点后保留2位，如：82.70	是
坑塘水面	单位：km²。填写坑塘水面面积，阿拉伯数字，小数点后保留2位，如：82.70	是
沿海滩涂	单位：km²。填写沿海滩涂面积，阿拉伯数字，小数点后保留2位，如：82.70	是
内陆滩涂	单位：km²。填写内陆滩涂面积，阿拉伯数字，小数点后保留2位，如：82.70	是
沟渠	单位：km²。填写沟渠面积，阿拉伯数字，小数点后保留2位，如：82.70	是
水工建筑用地	单位：km²。填写水工建筑用地面积，阿拉伯数字，小数点后保留2位，如：82.70	是
冰川及永久积雪	单位：km²。填写冰川及永久积雪面积，阿拉伯数字，小数点后保留2位，如：82.70	是
空闲地	单位：km²。填写空闲地面积，阿拉伯数字，小数点后保留2位，如：82.70	是
设施农用地	单位：km²。填写设施农用地面积，阿拉伯数字，小数点后保留2位，如：82.70	是
田坎	单位：km²。填写田坎面积，阿拉伯数字，小数点后保留2位，如：82.70	是
盐碱地	单位：km²。填写盐碱地面积，阿拉伯数字，小数点后保留2位，如：82.70	是
沼泽地	单位：km²。填写沼泽地面积，阿拉伯数字，小数点后保留2位，如：82.70	是
沙地	单位：km²。填写沙地面积，阿拉伯数字，小数点后保留2位，如：82.70	是
裸地	单位：km²。填写裸地面积，阿拉伯数字，小数点后保留2位，如：82.70	是

表 38　土地利用信息表（补充）填写要求

指标项	填写要求	是否必填
统计年份	填写统计年份，用阿拉伯数字填写，如"2013"	是
城市	单位：km²。填写城市面积，阿拉伯数字，小数点后保留2位，如：82.70	是
建制镇	单位：km²。填写建制镇面积，阿拉伯数字，小数点后保留2位，如：82.70	是

指标项	填写要求	是否必填
村庄	单位：km²。填写村庄面积，阿拉伯数字，小数点后保留 2 位，如：82.70	是
采矿用地	单位：km²。填写采矿用地面积，阿拉伯数字，小数点后保留 2 位，如：82.70	是
风景名胜及特殊用地	单位：km²。填写风景名胜及特殊用地面积，阿拉伯数字，小数点后保留 2 位，如：82.70	是

1.3.1.6　其他图档材料

除上述材料外，其他与生态环境质量考核相关的照片、图片、电子文档、表格等也可同时提交，材料格式为 pdf、xls 或 jpg。

1.3.1.7　纸质文档

（1）自查报告

考核县域自查报告主要内容包括年度生态环境指标汇总情况、生态环境保护工作情况说明两部分。自查报告由数据填报软件自动生成，打印装订后经考核县政府盖章后报送。

（2）工作组织情况相关材料

工作组织情况相关材料包括工作组织情况相关证明文件等内容。

（3）指标数据证明文件

证明文件包括：

①区县国土面积证明材料；

②林地指标证明材料；

③草地指标证明材料；

④水域湿地指标证明材料；

⑤耕地和建设用地指标证明材料；

⑥未利用地指标证明材料；

⑦城镇污水集中处理率指标证明材料；

⑧土壤侵蚀指标证明材料；

⑨沙化土地指标证明材料；

⑩城镇生活垃圾无害化处理率；

⑪专项转移支付资金证明材料；

⑫产业增加值指标证明材料。

其中功能类型为防风固沙型的县不需提交土壤侵蚀指标证明材料；水土保持型的县不需提交沙化土地指标证明材料；水源涵养型和生物多样性维护型的县不需提交沙化土地指标证明材料和土壤侵蚀指标证明材料。

证明材料须由有关主管部门审核盖章。

1.3.2　材料上报要求

1.3.2.1　材料上报内容

本年度国家重点生态功能区县域生态环境质量考核所需提交的材料包括电子文档和纸质材料两部分：

（1）电子文档通过填报软件录入，通过软件加密打包后，将打包文件以光盘或U盘的方式报送。

（2）纸质材料上报内容包括自查报告、工作组织情况及证明文件。

1.3.2.2　纸质材料装订要求

纸质材料需合订成册，具体装订规范如下：

（1）内容排列顺序

装订时按封面、目录、自查报告、自查工作组织情况相关材料、证明材料的顺序装订。封面、目录格式见附录3。

（2）具体装订要求

①开本及版芯

开本大小：210 mm×297 mm（A4纸）。

版芯要求：左边距：30 mm，右边距：25 mm，上边距：30 mm，下边距：25 mm。

页眉边距：23 mm，页脚边距：18 mm。

②正文字体

正文采用小四号宋体，行间距为19磅。

③页码

正文需要标明页码，标注在页面底端居中。

④封面

采用统一格式（见附录3），封面用纸为白色铜版纸。

⑤纸张

一律用A4打印纸装订。

⑥内容隔页

不同内容间用红色或绿色隔页纸隔开。

⑦装订

无线胶装。

1.4　填报注意事项

1.4.1　考核县域行政区划代码

考核县域行政区划代码以民政部 2017 年发布的《中华人民共和国行政区划简册 2017》为准，县域名称必须填写完整，不允许用简称。

1.4.2　编码方式

各类数据的编码方式见表 39。经国家备案的站点编码已完成，不用修改。在填报环境监测数据时，每一条记录的站点编码要与基本信息表中的编码一致。

表 39　编码基本原则

项目	编码设计	示例	相关数据表
（水质）地表水监测断面代码	"WA"（2 位字母编码，代表监测项目类型）+6 位行政区划代码+5 位顺序码，共 13 位	尚志市亚布力监测断面：WA23018300001	水质监测原始数据填报表
			水质监测断面信息表
空气监测点代码	"AI"（2 位字母编码，代表监测项目类型）+6 位行政区划代码+5 位顺序码，共 13 位	尚志市环保局监测点：AI23018300001	空气质量监测原始数据填报表
			空气监测点位信息表
污染源代码	"S"（1 位字母编码，代表污染源）+ "A"或"W"（1 位字母编码，代表污染源类型，A 表示废气，W 表示废水，M 表示重金属）+6 位行政区划代码+5 位污染企业顺序码，共 13 位。注意污染源中污水处理厂编码同污水处理设施编码	尚志市水泥厂废水总排口：SW23018300001	污染源排放监测原始数据表
			污染源信息表
污水处理设施代码	"F"（1 位字母编码，代表污染物处理设施）+ "W"（1 位字母编码，表示污水）+6 位行政区划代码+5 位顺序码，共 13 位	尚志市污水处理一厂：FW23018300001	污水集中处理设施信息表

项目	编码设计	示例	相关数据表
垃圾填埋场代码	"F"（1 位字母编码，代表污染类型）＋"G"（1 位字母编码，表示垃圾）+6 位行政区划代码+5 位顺序码，共 13 位	尚志县南垃圾填埋场：FG23018300001	垃圾填埋场信息表
自然保护区代码	"NR"（2 位字母编码，自然保护区）+6 位行政区划代码+5 位顺序码，共 13 位	尚志市宫林蛙自然保护区：NR23018300001	自然保护区等受保护区域信息表
集中式饮用水水源地监测点代码	"HW"（2 位字母编码，饮用水水源地）+6 位行政区划代码+5 位顺序码，共 13 位	HW23018300001	集中式饮用水水源地监测点信息表 集中式饮用水水源地水质数据填报表
农村环境连片整治项目编号	"CG"（2 位字母编码，农村整治）+6 位行政区划代码+5 位顺序码，共 13 位	CG23018300001	农村环境连片整治情况表
减排任务编号编号	"WP"（2 位字母编码，工作计划）+6 位行政区划代码+5 位顺序码，共 13 位	WP43312300001	减排任务完成情况表
生态环境保护创建编号	"ES"（2 位字母编码，生态环境保护创建）+6 位行政区划代码+5 位顺序码，共 13 位	ES43312300001	生态环境保护创建信息表
农村环境综合整治编号	"EI"（2 位字母编码，生态环境保护创建）+6 位行政区划代码+5 位顺序码，共 13 位	EI43312300001	农村环境综合整治信息表

1.4.3　指标数据证明材料

指标数据证明材料填写格式需特别注意：

（1）数字一律用阿拉伯数字书写，浮点型根据附录规范保留相应数字，格式为"××.××"，如"0.078"，不采用科学计数法等其他格式。

（2）日期格式为"××/××/××"或"××-××-××"，年、月、日用阿拉伯数字书写。

（3）指标数据若由于客观原因没法填报的，填"-"，不允许填其他符号或空缺。

1.4.4　环境监测数据

环境监测数据填写注意事项：

（1）监测数据小数点后保留的位数详见具体规定；若某个监测项目未检出，则小数点后保留位数以实验室实际检出限一致。

（2）若某个项目没有监测，填"−9999"或不填；

（3）针对未检出数据，填报实验室检出下限值的1/2，并在前面加一个负（"−"）号，以标示该值为未检出值，即格式为："−"＋"实验值检出下限值的1/2"，如某监测项目检出下限值为"0.8 mg/L"，则填报为"−0.4"。

（4）监测数据录入时不填写单位信息，如某监测项目的值为"0.8 mg/L"，应录入"0.8"。

附录 1　县域生态考核监测报告装订封面及目录

××省××县

××年重点生态功能区县域生态环境质量考核

第××季度监测报告

××县人民政府

年　月

目　录

附录 2　县域生态考核资料汇编装订封面及目录

××省××县

××年国家重点生态功能区县域生态环境质量考核

资　料　汇　编

××县人民政府

年　月

目　　录

附录 3 县域生态考核自查报告封面

××省××县

××年重点生态功能区

县域生态环境质量考核自查报告

××（盖章）县（市）人民政府

年 月 日

第 2 章
县级数据填报软件使用手册

本部分描述了系统的基本功能、系统界面以及各功能模块的具体操作，辅助使用人员从整体和具体功能上掌握系统的使用方法。

"填报系统"主要通过县域生态环境质量考核数据的填报模板下发，数据编辑导入、数据质量检查、自查报告生成、数据打包等功能模块，以功能菜单和右键快捷菜单的方式实现县域填报数据的编辑导入、质量检查，以辅助县级主管部门用户生成符合省级要求的县域生态环境质量考核上报数据。

2.1 系统运行环境

本系统运行的软硬件环境不得低于表 40 所示配置，软件环境的支撑控件和辅助软件为必选项，否则系统无法正常运行。

表 40 系统运行环境表

	设备	指标详细信息
硬件环境	CPU	2.0 GHz 以上
	内存	1 G 以上
	可用硬盘空间	5 GB 以上
软件环境	操作系统	Windows XP/2003/7，支持 64 位操作系统
	支撑控件	MicroSoft .NET Framework 4.0（自动安装）
	辅助软件	MicrosoftOffice 2007（需含 Excel，Word） Adobe Reader 7.0 以上

2.2　系统安装说明

本操作说明将不对 MicroSoft　Office 和 Adobe　Reader 的安装进行详细说明，其安装方法请参见其相关说明文档。以下为"填报系统"的详细安装说明：

（1）双击运行安装包光盘中"县域生态环境质量考核数据填报系统\setup.exe"，如图 1 所示，系统开始安装。

图 1　系统安装目录

（2）若机器上以前没有安装 Microsoft .NET Framework 4.0，安装程序会自动弹出提示安装 Microsoft .NET Framework 4.0 界面，如图 2 所示。

图 2　.NET Framework 4.0 安装提示框

（3）点击"接受"按钮，将进入 Microsoft .NET Framework 4.0 的安装文件复制步骤，复制安装文件所需时间根据不同机器环境需要 1～5 分钟，请耐心等候，在等候期间尽量不要进行其他操作。若点击"不接受"按钮，则退出安装，系统将提示安装未完成。文件复制完成后，进入 Microsoft .NET Framework 4.0 的正式安装界面，如图 3 所示。

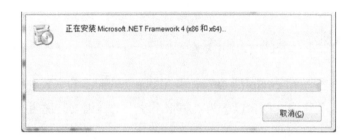

图 3　.NET Framework 安装

在安装过程中，需安装 Microsoft .NET Framework 4.0 的汉化包，在安装此插件前有可能（根据不同操作系统及系统安全级别设置）出现如图 4 所示的安全警告。

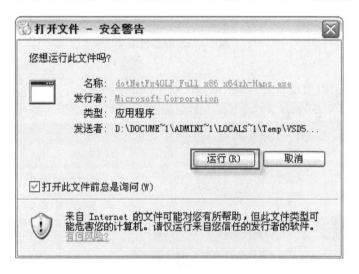

图 4　.NET Framework 安装提示

（4）若出现此警告，点击"运行"按钮则继续进入如图 5 所示的 Microsoft .NET Framework 4.0 的安装进度界面。

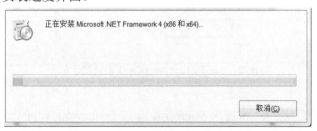

图 5　.NET Framework 安装进度界面

（5）Microsoft .NET Framework 4.0 安装完成后，将自动进入"县域生态环境质量考核数据填报系统"（以下简称"填报系统"）软件的安装欢迎界面，如图6所示。在该界面中会有"填报系统"的简介、安装要求以及版本申明等信息。

图6　"填报系统"安装启动

（6）设置好安装文件夹和使用人后，点击"下一步"按钮，则进入系统确认安装界面，如图7所示。

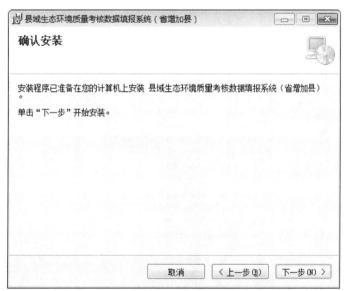

图7　"填报系统"安装确认

（7）若确认安装，则点击"下一步"进入系统安装进度界面，如图8所示，之后弹出导入县信息对话框，点击选择，选取县基本信息文件（如：甘谷县_620523_2017_基本信息.dat），如图 9 所示点击打开，之后在导入县信息对话框中点击"确定"，弹出如图 10 所示的导入进度对话框，导入完成后，关闭导入县信息对话框。

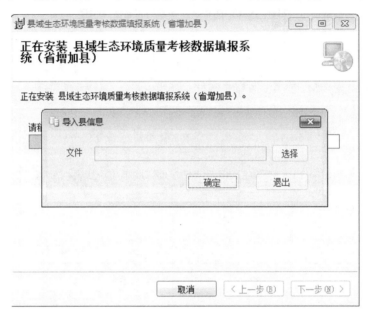

图 8　导入县信息

图 9　县信息选择

图 10　县信息导入进度

（8）在弹出如图 11 所示对话框后，点击"关闭"，完成安装过程。

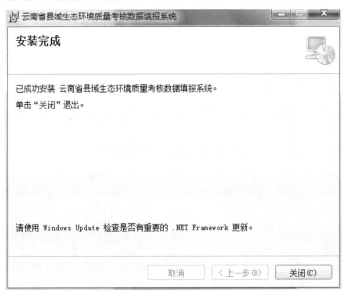

图 11　安装成功完成

2.3　监测数据上报主界面说明

"填报系统"主界面采用经典的 Office 2010 界面风格，整个界面分为三个区，分别为：功能菜单区、数据列表区、数据显示编辑区，如图 12 所示。

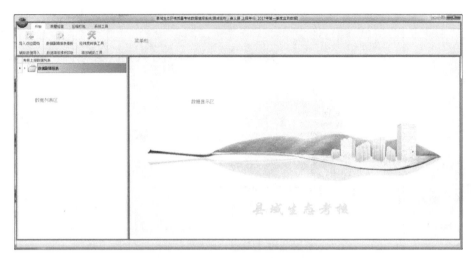

图 12　系统主界面

2.3.1　功能菜单区

　　系统功能菜单区位于系统主界面的上方，系统主要通过该功能菜单区的功能按钮来完成县域生态环境质量考核数据模板的获取、县域生态环境质量考核填报数据的质量检查及数据加密打包等功能。本系统的功能按钮根据功能分类分布于四个菜单面板中，这四个面板为：开始、质量检查、压缩打包及系统工具。系统功能与各菜单面板间的对应关系如表 41 所示。

表 41　菜单说明表

序号	菜单名称	系统功能
1	开始	县域生态环境填报数据模板获取
2	质量检查	县域生态环境质量考核填报数据质量检查
3	压缩打包	县域上报数据预检、加密打包
4	系统工具	系统界面风格切换、数据备份、恢复

　　菜单面板之间通过点击菜单面板上方的菜单项来进行切换，如图 13 所示。

图 13　系统功能菜单切换区

菜单面板在系统运行过程中一般都一直显示,但有时为了扩大数据显示区,可通过双击菜单面板上方的菜单项实现菜单面板的隐现,菜单面板隐藏后的界面,如图 14 所示,用户可通过双击菜单面板上方的菜单项恢复菜单面板的显示。

图 14　菜单隐藏后的功能菜单区

系统菜单位于功能菜单区的左上角的系统图标处,通过点击图标来弹出菜单,如图 15 所示。该菜单中提供县域基本情况查看、系统帮助、系统的版权信息和退出系统功能。

图 15　系统菜单

2.3.2　填报数据列表区

县域填报数据列表区位于系统主界面的左侧,通过目录树的方式,对各类型的上报数据进行组织。初始状态下,目录树中一级节点包括数据副填报表一部分,根据包含的内容分为二级节点和三级节点,如图 16 所示。

系统将通过点击该目录树来实现考核上报数据的浏览,其操作方式与 Windows 的目录操作完全相同,只需逐级打开目录至末级节点,即为具体数据对应的文件或表格,点击即可在数据显示区以文档或表格的方式显示相应数据。数据列表区中数据若不存在,其数据文件名称前面的图标与数据文件存在状况下的图标有所不同,如图 16 所示,图中集中式饮用水水源地水质数据填报表(地表水)和污染源监测频次信息表未录入信息。

图 16   考核上报数据列表

2.3.3   数据显示编辑区

数据显示区主要是显示填报数据列表区所选中数据节点对应的文档或表格内容，另外还显示系统生成的自查报告文本及报告附表。

不同数据内容，其显示样式各不相同，图 17 为表格类数据的显示样式，在表格类显示窗口，可实现数据表的翻页、数据记录的增加、删除、修改等功能操作（通过表格左下方的功能区实现，如图 17 红框内所示）。

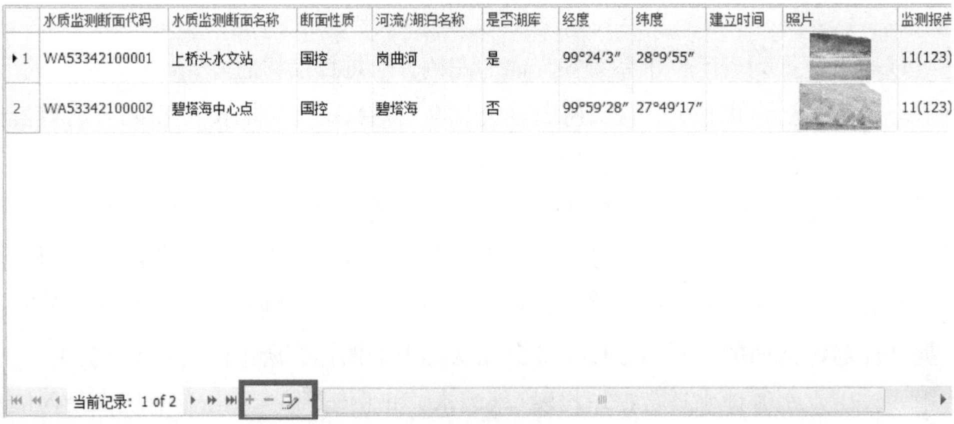

	水质监测断面代码	水质监测断面名称	断面性质	河流/湖泊名称	是否湖库	经度	纬度	建立时间	照片	监测报告
▶ 1	WA53342100001	上桥头水文站	国控	岗曲河	是	99°24′3″	28°9′55″			11(123)
2	WA53342100002	碧塔海中心点	国控	碧塔海	否	99°59′28″	27°49′17″			11(123)

当前记录: 1 of 2   + - ✓

图 17   表格类显示样式

2.4　监测数据上报操作说明

功能菜单区的功能菜单和县域生态环境质量考核填报数据列表区的右键菜单是本系统的主要功能入口，本章将详细说明菜单功能区功能菜单、填报数据列表区右键菜单及数据显示编辑区的功能操作。

2.4.1　系统登录及初始化

若用户在计算机上对"填报系统"进行了安装，则用户计算机系统桌面上产生"数据填报系统"快捷方式，并在计算机系统开始菜单中将产生"导入县信息"及"数据填报系统"的快捷方式（若用户未安装，则参照《重点生态功能区县域生态环境质量考核数据填报系统安装手册》完成系统软件的安装），点击快捷方式"导入县信息"，将进入县信息导入界面。点击"数据填报系统"将进行系统初始化验证、修改登入密码及登录系统。操作步骤分述如图 18 所示。

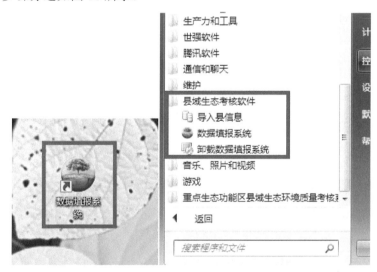

图 18　"数据填报系统"桌面及开始菜单快捷方式

2.4.1.1　导入县信息

导入县信息实现县域信息（县名称、县编码等）及水、大气、污染源监测点位信息的导入。步骤如下：

（1）点击计算机操作系统开始菜单中的"导入县信息"，则弹出导入县信息界面。如图 19 所示。

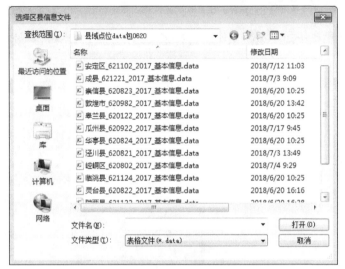

图 19　文件选择

（2）点击"选择"，选取省下发的文件，点击"打开"，如图 20 所示。

图 20　信息包选择

（3）点击"确定"，开始导入，弹出导入进度窗体，如图 21 所示。

图 21　导入进度

2.4.1.2 系统初始化验证

双击桌面上的"数据填报系统"快捷方式，或者点击计算机操作系统开始菜单中的"数据填报系统"，则开始运行系统。若在系统安装完成后没有进行系统验证或是验证未成功，则需先进行系统验证，验证步骤如下：

（1）运行系统时，系统弹出如图 22 所示的界面，提示是否进行验证。

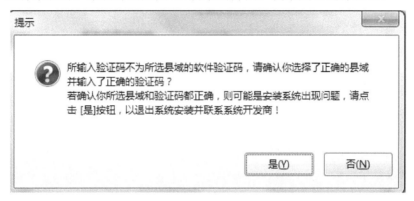

图 22　系统未验证提示

（2）在提示框中，点击"是"按钮，则进入如图 23 所示的系统验证界面；点击"否"按钮，则提示系统未验证，并退出系统登录。

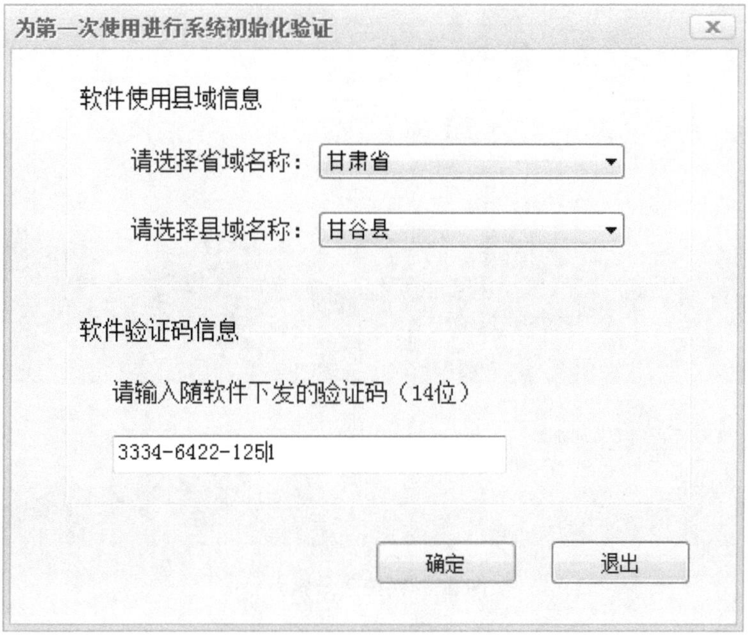

图 23　系统验证界面

（3）在系统验证界面中选择您所在的省、县名称，并输入随软件下发的 14 位验证码，若点击"确定"按钮，如果验证码正确，则显示图 24 所示的验证正确提示信息，红框内内容提示您系统登录的初始密码。若点击"退出"按钮，则退出验证，系统将提示软件没有验证，并提示退出系统。

图 24　初始化成功提示框

点击初始化成功提示框的"确定"按钮，则进入系统登录界面。

注：软件验证码随安装光盘一起下发，一般贴于光盘封面上，若没有或是丢失，请联系系统开发商获取新的验证码。

2.4.1.3　修改登录密码

系统初始化时，将系统的登录密码设为县域的六位行政编码，如：甘谷县的密码为620523。为保证数据及系统安全，建议在第一次使用系统时修改登录密码。步骤如下：

（1）在系统初始化验证成功后，会弹出登录框（以安定区为例），如图 25 所示。

图 25　系统登录界面

（2）点击上图中系统登录界面中的"修改密码"按钮，则弹出密码修改对话框，如

图 26 所示，可以修改登录密码。

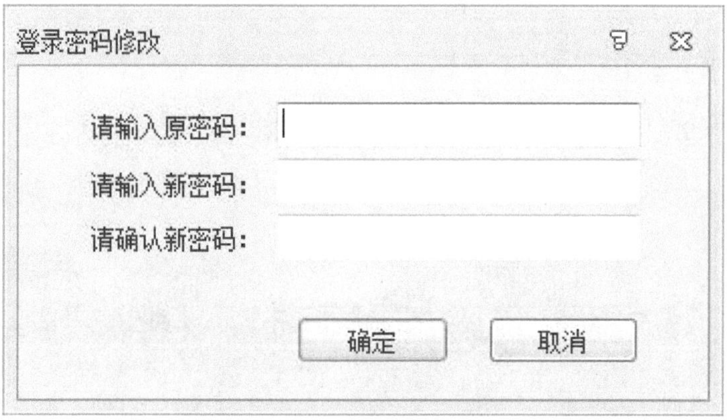

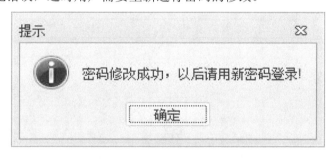

图 26　登录密码修改窗

图 26 登录密码修改窗体的第一个框中输入原密码，第一次登录时的密码为县域代码，以后再修改时则为用户修改过的密码。在第二个框中输入新密码（密码建议由数字和字母组合而成），然后在第三个框中重新输入新密码，以确认新密码没有输错。

（3）密码输入完成后，点击"确定"按钮，若原密码没有输错，且新密码与确认密码相同，则弹出修改密码成功提示框，如图 27 所示；否则提示原密码错误或新密码与确认密码不匹配错误，这时用户需要重新进行密码的修改。

图 27　密码修改成功提示框

注：修改密码为可选步骤，若所用计算机只能本人使用，可不用修改密码。

2.4.1.4　切换县域

"切换县域"功能主要针对省级用户，目的是方便省级用户对各县进行技术支持工作，可以快速实现不同县域系统的切换。步骤如下：

（1）点击登录窗体上的"切换县域"按钮，如图 28 所示。

图28   县域切换

（2）弹出县域注册码输入窗口，输入注册码后点击"确定"按钮，可以切换到其他县域，如图 29 所示。

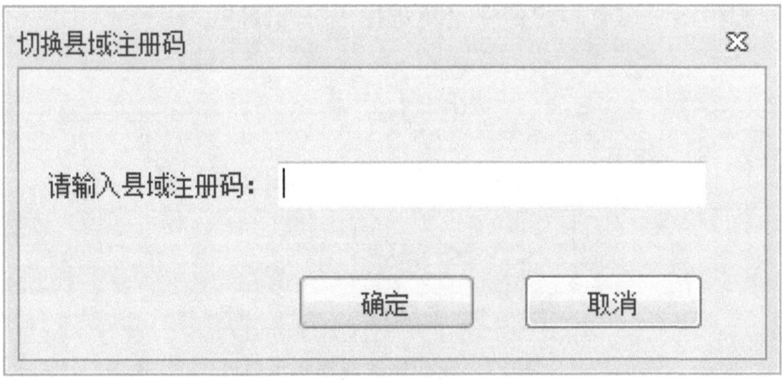

图29   注册码输入

2.4.1.5   登录系统

系统登录的具体操作步骤为：

（1）在系统登录框（如图 30 所示）中，点击"登录"按钮，则开始登录系统。

（2）系统第一次登录或是初始化后，会在登录过程中提示用户数据库不存在，提示信息如图 31 所示。点击"是"按钮，则生成上报目录，并进入系统主界面，系统登录完成，如图 32 所示。

图 30 系统登录界面

图 31 考核年份设置提示框

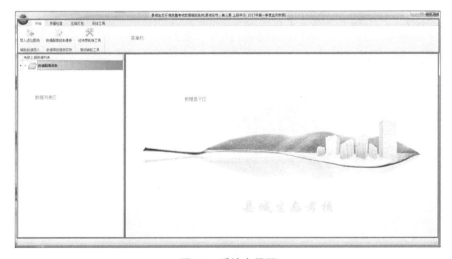

图 32 系统主界面

注：若系统安装时已进行了系统初始化验证工作，则在运行时不会弹出验证相关界面。

2.4.2 点位图档导入

系统成功登录后，可进行点位图档导入操作。点位图档导入是将上一季度监测数据中点位的照片和排放标准导入系统，一般情况下只需要在第一季度上报数据时导入一次就可以，照片和排放标准数据是所有季度共享的，如果没有上一季度监测数据上报包可不导入。具体操作步骤为：

（1）点击"开始"菜单下"导入点位图档"按钮，如图 33 所示。

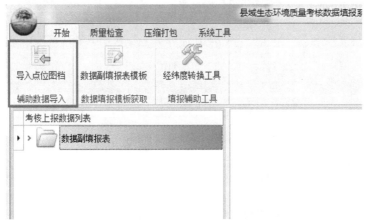

图 33 导入点位图档菜单

（2）在文件选择对话框中选择上一年第四季度监测数据上报包文件，如图 34 所示，并点击"打开"按钮，弹出如图 35 所示文件导入执行进度框。

图 34 上报包文件选择对话框

图35 上报包文件导入进度框

（3）点击文件导入执行进度提示框中的"终止"按钮，系统将终止文件的导入，文件导入完成后，进度提示框变为如图 36 所示，点击"导出日志"按钮可以将导入的执行过程日志以文本文档的形式导出到本地；点击"关闭"按钮，关闭导入框。在系统数据显示编辑区可查看导入的图档数据，如图 37 所示。

图36 点位图档文件导入完成

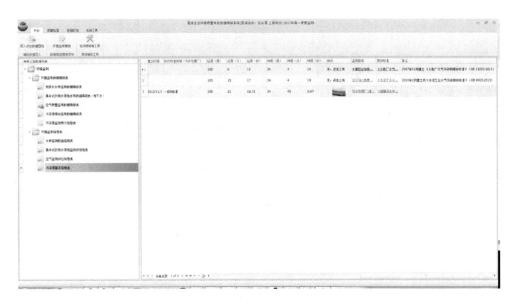

图 37　图档导入后数据显示

2.4.3　补充点位信息

点位图档导入成功后，为了能获取模板以及正常上报数据，需要补充点位信息，包括空气、地表水、污染源、集中式饮用水水源地的监测类型和监测单位等，如果是污水处理厂还需完善建立时间、执行标准级别（污水处理厂）信息。具体操作如图 38 所示。

图 38　点位信息表

单击数据修改或者点击 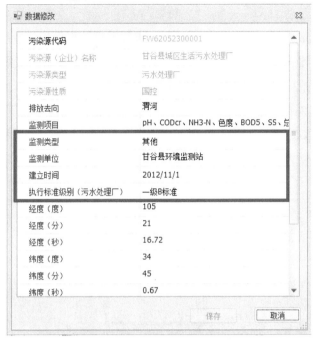 按钮弹出点位编辑画面，如图 39 所示。

图 39 点位信息修改

修改点位信息，点击"保存"按钮以保存点位信息，如图 40 所示。

图 40 完善点位信息

2.4.4　数据填报模板获取

　　点位图档导入成功并补充点位信息后，可进行数据填报模板的获取操作。数据填报模板获取是将需要整理导入的县域生态环境质量考核上报数据的填报模板保存至指定的目录下。数据填报模板在系统中有两种获取方式，一种是通过系统上方的功能菜单获取，包括环境监测模板获取，这些功能菜单位于系统上方的开始菜单面板中，如图 41 所示；另一种是通过系统左侧数据列表的右键菜单获取，如图 42 所示，此种获取方式比较有针对性，是针对单一上报数据进行的模板获取，用户可以根据自己的需要获取所需数据的模板。

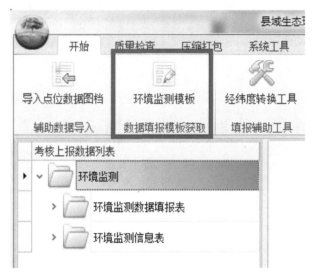

图 41　数据填报模板获取菜单

图 42　数据列表右键菜单

表 42 为上报数据的模板清单，用户可以根据自己的需要获取所需的数据模板。

表 42 模板清单

文件夹	模板名称	备注
数据副填报表	地表水水质监测数据填报表.xlsx	
	集中式饮用水水源地水质监测数据填报表（地表水）.xlsx	
	集中式饮用水水源地水质监测数据填报表（地下水）.xlsx	
	空气质量监测数据填报表.xlsx	
	污染源排放监测数据填报表.docx	

2.4.4.1 功能菜单获取填报模板

系统上方功能菜单中填报模板的获取主要包括数据副填报表模板，以环境监测模板获取功能为例，具体操作步骤为：

（1）点击"开始"菜单下"环境监测模板获取"栏中"环境监测"按钮，系统将弹出如图 43 所示的模板保存目录选择对话框。

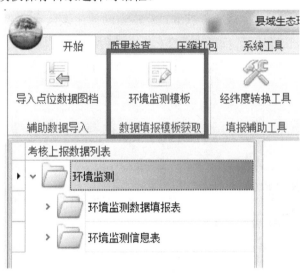

图 43 数据填报模板获取菜单

（2）在模板保存目录选择对话框中，选取填报模板文件的保存目录，如图 44 所示，选择"模板"文件夹来存放导出的填报数据模板文件（若需要新建目录，可通过左下角的"新建文件夹"新建目录来保存）。

图 44　模板保存路径选择对话框

（3）选择好目录后，点击"确定"按钮，弹出模板导出执行进度框，如图 45 所示。在模板获取过程中，可点击"终止"按钮随时终止获取过程，也可勾选"完成后自动关闭本执行进度窗口？"，在完成模板获取过程后自动关闭该执行进度框。在模板导出执行进度框中，执行日志显示了执行的进度。导出过程执行完成后，点击模板导出执行进度框中的"导出日志"按钮，可将执行日志以文本文档的形式导出到本地。

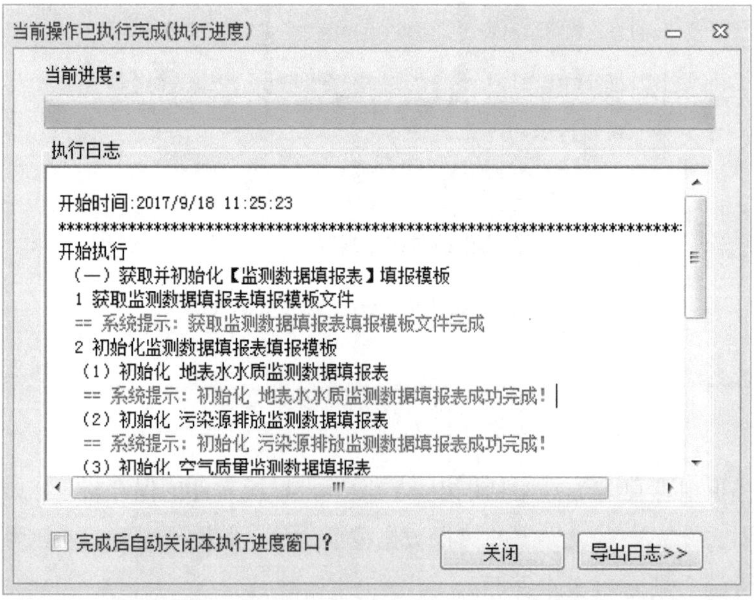

图 45　模板导出执行进度框

（4）模板导出执行完成后，填报模板导出至指定的目录中，如图 46 所示。

图 46　导出的数据副填报模板文件

2.4.4.2　右键菜单获取填报模板

（1）在填报数据列表区展开"指标数据证明材料"目录下的"自然生态指标证明材料"目录，并在需要导出数据的节点上右键点击，弹出右键功能菜单，如图 47 所示。

图 47　模板获取右键功能菜单

（2）在弹出的功能菜单中，点击"获取填报模板"菜单项，弹出如图 48 所示的文件存放目录选择对话框。

图 48　模板文件存放路径选择对话框

（3）在文件存放目录选择对话框中，选择导出文件存放目录，如图 48 所示，导出文件的存放目录为"第一季度监测数据"文件夹；对话框中的默认保存文件名为获取的数据名称，用户可以自行修改。点击"保存"按钮，模板文件将保存到用户选择的目录下。

注：模板获取完成后用户可根据填写规范的要求，通过 Excel 或 Word 软件在模板中输入相关数据。

2.4.5　数据导入与修改

数据导入与编辑主要完成数据文件的导入和数据的录入工作。在所有数据副模板获取并填写完成后，即可进行此操作。目前，系统导入的文件类型主要有数据副填报表，各数据类别入库方式见表 43，表中所有的数据类别及名称与系统上报数据列表区的目录树相对应。

其中"水质监测断面信息表""空气监测点位信息表""污染源基本信息表""集中式饮用水水源地监测点信息表"中的数据为系统自带数据，无需导入。

表 43　数据录入方式表

数据类别	数据名称	右键菜单导入	界面录入	推荐入库方式
环境监测/环境状况监测数据填报表	地表水水质监测数据填报表	支持	不支持	导入
	集中式饮用水水源地水质数据填报表（地表水）	支持	不支持	导入
	集中式饮用水水源地水质数据填报表（地下水）	支持	不支持	导入
	空气质量监测数据填报表	支持	不支持	导入
	污染源排放监测数据填报表	支持	不支持	导入
环境监测/环境监测信息	水质监测断面信息表	不支持	支持（部分信息修改）	界面录入
	集中式饮用水水源地监测点信息表	不支持	支持（部分信息修改）	界面录入
	空气监测点位信息表	不支持	支持（部分信息修改）	界面录入
	污染源基本信息表	不支持	支持（部分信息修改）	界面录入

2.4.5.1　环境监测文本信息导入

环境监测中可以导入的信息为环境状况监测数据填报表，包括地表水水质监测数据填报表、集中式饮用水水源地水质数据填报表（地表水）、集中式饮用水水源地水质数据填报表（地下水）、空气质量监测数据填报表及污染源排放监测数据填报表。环境状况监测数据填报表中的污染源排放监测数据填报表导入的文件为 Word 文件，其余数据均为 Excel 表格文件。其导入操作过程基本相同，以数据副填报表中的"地表水水质检测数据填报表"的导入为例来说明文件的导入步骤。

（1）在填报数据列表区展开"环境监测"目录下的"环境监测数据填报表"目录，在"地表水水质监测数据填报表"节点上右键点击，弹出右键菜单，如图 49 所示。

图 49　数据导入右键菜单

（2）在弹出的功能菜单中，点击"导入表格数据"菜单项，弹出如图 50 所示的文件选择对话框。

图 50　文件选择对话框

（3）在文件选择对话框中选择水质检测数据填报表文件，如图 50 所示，并点击"打开"按钮，弹出导入字段对应关系检查对话框，如图 51 所示。

图 51　字段对应关系检查对话框

（4）在图 51 所示的导入字段对应关系检查对话框中，若显示字段匹配正确、可直接进行导入，则可点击"导入"按钮，导入数据；若 Excel 中的字段名与上报表中的字段名不能对应，则会出现如图 52 所示的错误提示，图中红框内上报表中字段名中的溶解氧字段在 Excel 表格中找不到对应的字段名，此时需要用户选择 Excel 中匹配的字段项。如：点击图中蓝框内 Excel 字段名下的下拉按钮，选择与溶解氧匹配的字段，如图 53 所示，选择溶解氧 1 字段名，然后点击"导入"按钮，继续数据的导入过程。

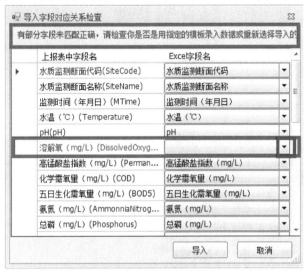

图 52　字段对应关系检查对话框

图 53　字段对应选择示例窗

（5）在导入字段对应关系检查对话框中点击"导入"按钮后，弹出如图 54 所示文件导入执行进度框。若该数据以前已经导入，则弹出如图 55 所示的提示框，提示用户是否删除并重新导入数据文件，点击提示框中的"是"按钮，则删除数据文件并重新导入；若点击"否"按钮，则在原有数据文件基础上导入新的数据文件，只导入与原有文件不重复的数据内容；若点击"取消"按钮，将取消导入过程。点击文件导入执行进度提示框中的"终止"按钮，系统将终止文件的导入；勾选"完成后自动关闭本执行进度窗口？"在完成导入过程后自动关闭该执行进度框。

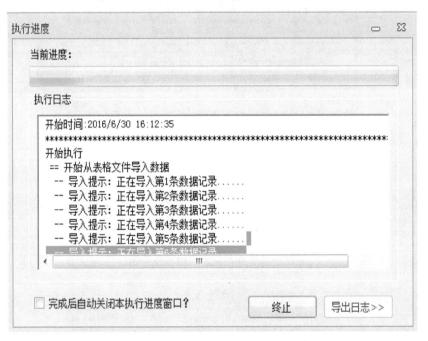

图 54　文件导入执行进度提示框

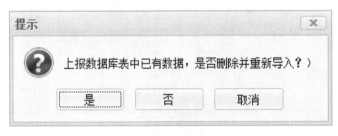

图 55　文件替换确认框

（6）点击文件导入执行进度提示框中的"终止"按钮，系统将终止文件的导入，文件导入完成后，点击"导出日志"按钮可以将导入的执行过程日志以文本文档的形式导出到本地；点击"关闭"按钮，关闭导入框，如图 56 所示。

图 56　数据表格显示窗

2.4.5.2　环境监测表相关照片导入

需要导入照片的表有水质监测断面信息表、空气监测点位信息表、污染源基本信息表、集中式饮用水水源地监测点信息表，照片在导入系统时将自动命名。

以水质监测断面信息表照片信息的导入为例，步骤如下：

（1）在"填报数据列表区"中展开"环境监测"目录下的"环境状况监测数据填报表"目录，点击"水质监测数据填报表"节点。

（2）点击右侧表格的照片列（图 57 红框位置）。

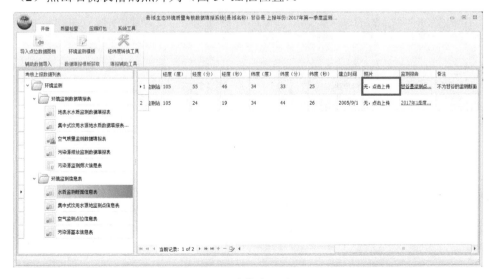

图 57　表格中照片列

（3）弹出照片导入界面，如图58所示。

图58　照片管理界面

（4）点击图58红框中"新增"按钮，弹出选择照片界面，如图59所示，选择一张或多张图片，点击"打开"，导入照片。

图59　照片选择

（5）照片导入时，系统将自动为照片命名，照片导入后可以通过"前一张""后一张"按钮进行浏览，也可以通过"删除"按钮删除，如图60所示。

图60　照片浏览、删除

（6）关闭照片管理窗口，可以在数据列表中显示照片的缩略图（第一张图片），如图61所示。

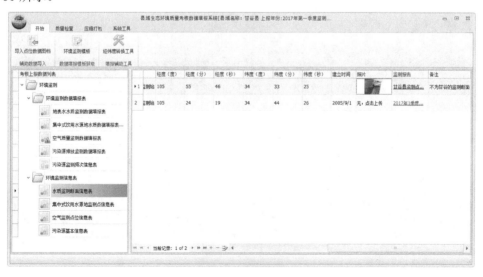

图61　数据列表照片显示

2.4.5.3　环境监测表相关附件导入

数据副填报表相关附件导入是指污染源标准文件、监测报告、自然保护区相关证明材料等文件的导入，操作步骤如下：

在填报数据列表区展开"环境监测"目录下的"环境监测信息"目录，点击"污染源基本信息表"节点，在界面右侧显示污染源数据列表，如图62所示，点击红框位置，弹出标准添加界面，如图63所示。

图62　排放导入

图63　排放标准管理界面

　　点击图 63 所示红框位置的"新增"按钮，弹出如图 64 所示界面，选择相应文件（一个或多个），并点击"打开"按钮，提示保存成功，并在图 65 所示界面中显示导入的排放标准。另外，也可以在这个界面中对多个排放标准进行浏览及删除。

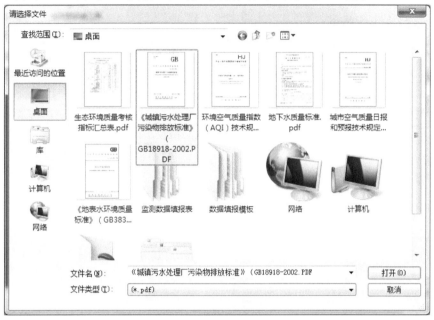

图 64　排放标准选择

图 65　排放标准导入成功

关闭图 65 所示界面，将在图 66 所示红框中显示排放标准名称，点击红框也可以查看已导入的排放标准。

图 66　排放标准在列表的显示样式

2.4.5.4　环境监测信息录入

环境监测信息中需要直接录入的信息为污染源监测频次信息。具体步骤为：

在填报数据列表区展开"数据副填报表"目录下的"环境监测数据填报表"目录，点击"污染源监测频次信息表"节点。

在右侧数据显示区填写相关信息，并点击"保存"按钮。

2.4.5.5　环境监测数据修改

数据导入或录入到系统中之后，工作人员可能会发现数据存在填写错误或缺少部分数据，则需要重新导入数据。对于表格数据用户可以通过编辑功能对数据进行修改操作。

（1）在数据显示区中点击选中表格中的一行数据的序号，点击表格左下方的 ✏ 按钮（或者单击该行数据），如图 67 所示，弹出数据修改窗口，如图 68 所示。

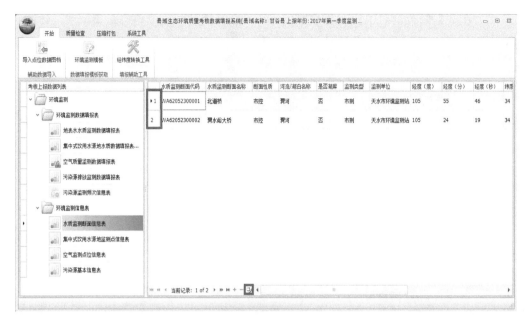

图 67　数据显示区

图 68　数据修改对话框

（2）在数据修改窗口中修改各数据项（其中监测类型和监测单位是新增项，必填），点击"保存"按钮，弹出修改成功提示框，如图 69 所示。

图 69　数据修改成功提示框

（3）点击数据修改成功提示框中的"确定"按钮，则修改后的记录将显示在数据显示区的表中。

2.4.5.6　环境监测数据清除

数据清除是将用户导入或录入到系统中的数据删除掉，所有通过数据列表目录树右键菜单导入的材料都可通过右键菜单进行数据清除操作。以水质监测数据的清除为例来说明其操作方法。

（1）点击上报数据列表中的"环境监测"下的"环境状况监测数据填报表"，展开其目录，右键点击"地表水水质监测数据填报表"，弹出右键菜单，如图 70 所示。

图 70　清除已有数据右键菜单

（2）点击右键弹出菜单中的"清除已有数据"，弹出清除提示对话框，如图 71 所示。

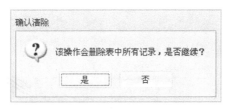

图 71 记录是否删除确认框

（3）在清除提示对话框中，点击"是"按钮，系统将删除该数据；点击"否"按钮，将取消删除操作。

2.4.5.7 经纬度转换

在数据录入或编辑过程中，需要输入经纬度数据。由于系统中要求录入的经纬度数据以度分秒的形式表现，如图 72 中水质监测断面信息表中的经纬度信息，经度为105°55′46″，而实际获取的数据有可能是以度的形式表示的（如 105.92944 度），需要将其转换为度分秒的形式再录入到系统中。为方便用户操作，系统提供了经纬度转换工具。

图 72 水质监测断面信息表编辑窗

经纬度转换的具体操作步骤为：

（1）点击"开始"菜单下的"经纬度转换工具"按钮，弹出经纬度转换对话框，如

图 73 所示。

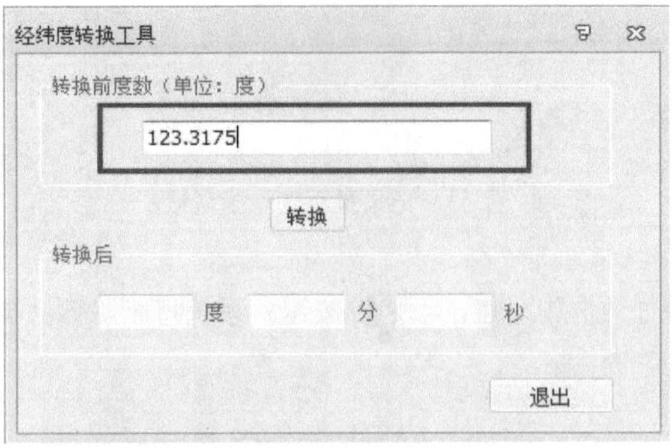

图73　经纬度转换对话框

（2）在经纬度转换对话框中输入转换前度数，如图 73 红框中所示；然后点击"转换"按钮，显示如图 74 所示转换结果。

图74　经纬度转换对话框

2.4.6　质量检查

在部分县域或所有县域填报数据上报并导入到系统后，即可进行数据质量检查。数据质量检查主要是完成入库数据的质量检查，包括各类数据是否入库、数据项是否填写完整等。数据质量检查操作主要是通过主界面的质量检查菜单展开，其布局如图 75 所示，检查完成后将给出检查记录，用户可根据检查记录修改数据。

图75　质量检查菜单面板

为了使质量检查更有针对性，系统提供了分项检查功能，检查填报某一类数据的质量，主要为水质监测数据、空气监测数据、污染源监测数据、集中式饮用水水源地监测数据四项检查内容，如图76所示。

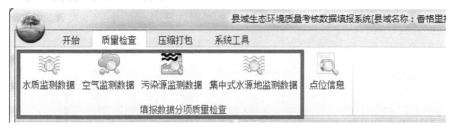

图76　填报数据分项质量检查功能菜单

各项数据质量检查的操作步骤相同，具体的操作步骤以水质监测数据的检查为例。

（1）点击"质量检查"菜单下"填报数据分项质量检查"栏中的"水质监测数据"按钮，弹出执行进度对话框，如图77所示

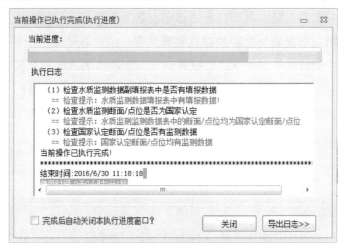

图77　质量检查进度及日志提示框

（2）系统将依次检查水质监测数据副填报表中是否有填报数据、水质监测断面/点位是否为国家认定、国家认定断面/点位是否有监测数据三部分内容，在检查过程中，将通过日志的方式动态显示检查提示和结果，如图77所示。

（3）数据质量检查操作执行完成后，点击执行进度对话框的"关闭"按钮，关闭当前对话框；点击"导出日志"按钮，以文本文档的形式导出质量检查执行日志。

注：数据检查发现的问题并非一定是错误，可根据实际情况判断是否修改。用户可根据执行日志提示的错误，修改相关数据，并导入或界面录入，完成后再进行数据检查，循环该过程直到数据检查通过。

2.4.7　压缩打包

填报系统的加密打包功能主要是将县域上报数据进行文件缺失检查，并生成压缩上报文件，主要包括上报数据打包前预查与填报数据加密打包两个子功能，如图 78 所示。

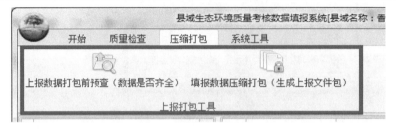

图 78　压缩打包菜单项

2.4.7.1　上报数据打包前预查

上报数据打包前预查是在数据打包上报前对各填报数据进行检查，主要检查上报数据文件目录、数据副填报表是否完整以及数据是否齐全。具体操作步骤为：

（1）点击"压缩打包"菜单下"上报打包工具"栏中的"上报数据打包前预查"按钮，弹出数据打包前检查执行进度对话框，如图 79 所示。在检查过程中，可点击"关闭"按钮随时终止检查过程，也可勾选"完成后自动关闭本执行进度窗口？"在完成检查过程后自动关闭该执行进度框。

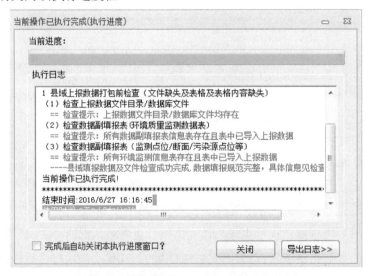

图 79　上报数据打包前预查进度提示框

（2）县域上报数据打包前检查完成之后，可以在执行进度对话框中查看执行日志，如图 80 所示。

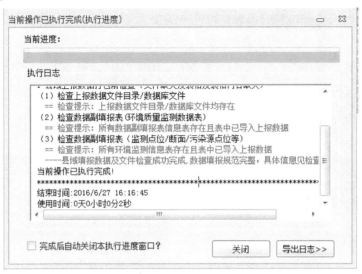

图 80　上报数据打包前预查结果框

（3）点击执行进度对话框中的"关闭"按钮，关闭当前执行进行对话框；点击"导出日志"按钮，将执行日志以文本文件的形式导出到本地。

注：数据预查发现的问题并非一定是错误，可根据实际情况判断是否修改。若数据预查发现错误，则需要重新进行数据的导入、修改操作直到数据预查无误为止。

2.4.7.2　填报数据加密打包

数据加密打包是将县域上报数据及生成的相关报告文档加密打包，生成加密压缩包文件（*.crf）以上报至上级主管部门。具体操作步骤如下：

（1）点击"加密打包"菜单下"上报打包工具"栏中的"填报数据加密打包"按钮，弹出上报数据打包前预查确认对话框，如图 81 所示。若未进行数据预查操作，则选择"是"按钮，进行数据预查；若以前进行过数据预查操作且预检成功，则选择"否"按钮，在打包前不重新进行数据预检，直接进行填报数据加密打包操作，弹出填报数据加密打包文件存储目录选择对话框，如图 82 所示。

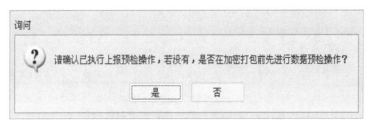

图 81　上报预检操作执行确认框

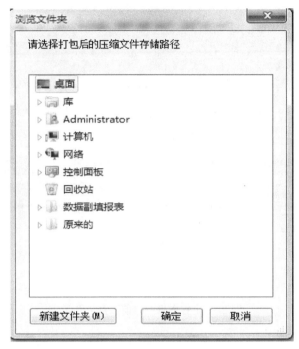

图 82　填报数据加密打包文件存储目录选择对话框

（2）在文件存储目录选择对话框中选择打包文件的存储目录，并点击"确定"按钮，则进入数据加密打包执行进度对话框，如图 83 所示。

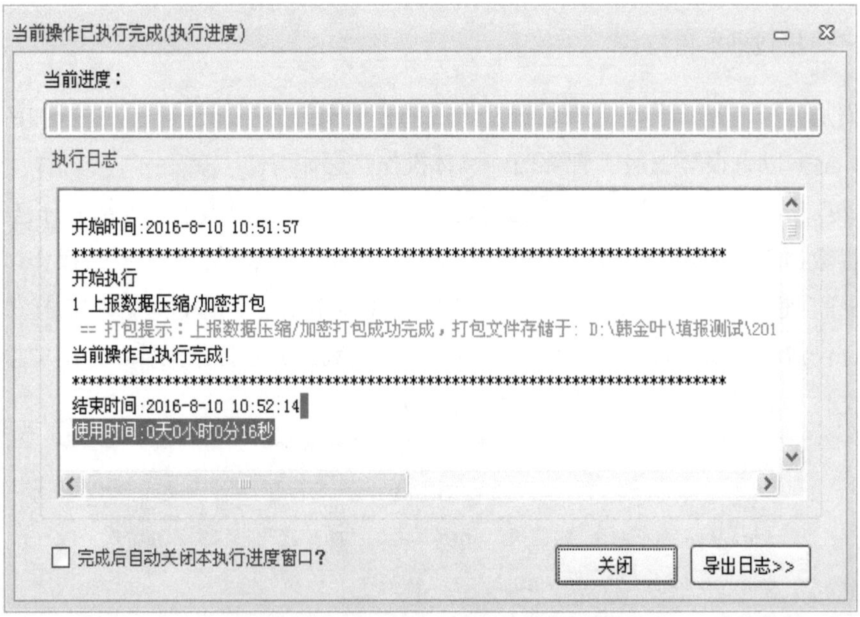

图 83　数据加密打包执行进度对话框

（3）填报数据加密打包操作执行完成后，上报数据加密打包文件存储到用户选择的文件存储目录下。点击填报数据加密打包执行对话框中的"关闭"按钮，则关闭当前执行对话框；选择"导出日志"按钮，将数据加密打包执行日志以文本文件的形式导出到本地。

2.4.8　**系统工具**

系统工具菜单项提供了两类功能：一是切换系统界面风格；二是数据管理工具，如图 84 所示。切换系统界面风格是改变系统主界面的运行风格，包括颜色、界面样式等。数据管理工具是实现对当前系统中填报数据的备份和恢复。

图 84　系统工具菜单项

2.4.8.1　系统常用界面风格

系统默认的界面风格为 Office 2010 蓝色风格，用户可以根据自己的喜好来切换不同的界面风格。系统提供了常用的两种界面风格（Office 2010 蓝色和 Office 2010 银色），若需要切换该界面风格，直接点击"系统工具"菜单下"常用界面风格"栏内相应的界面风格按钮即可。另外，系统还提供了一些不常用的界面风格，其切换操作步骤如下：

（1）点击"系统工具"菜单下"常用界面风格"栏右下角的下拉按钮，如图 85 红框内所示。

图 85　展开更多界面风格按钮

（2）系统将弹出所有可供使用的界面风格列表，如图 86 所示。

图 86　更多界面风格列表

（3）在弹出的界面风格选择下拉框内，双击将要切换至的列表项，则将系统主界面风格切换至该风格。图 87 所示为切换为"VS2010"风格后的系统主界面。

图 87　VS2010 风格样式

2.4.8.2　数据管理工具

数据管理工具主要是实现系统内已有县域上报数据的备份和恢复，以防操作系统崩溃时导致数据丢失。

1）填报数据备份

建议用户每天做完数据导入或审核操作后，将数据进行一次备份。数据备份操作步骤为：

（1）点击"系统工具"菜单下"数据管理工具"栏内的"填报数据备份"按钮，系统将弹出如图88所示的文件保存路径选择对话框。

图 88　数据备份文件保存路径选择对话框

（2）在文件保存路径选择对话框中，选中备份文件将存储的目录，在文件名框内输入备份文件名（建议以当前日期为文件名，如：20160701 为 2016 年 7 月 1 日的备份文件），并点击"保存"按钮，系统将对当前系统中的数据进行备份，备份文件的扩展名为 eco。

（3）备份完成后，系统将弹出如图 89 所示的提示框，提示用户备份已成功完成，以及备份文件保存的路径。

图 89　备份完成提示框

2）填报数据恢复

当操作系统或是本系统发生崩溃或是无法进入时，可重新安装或是对系统进行初始化操作后，将备份数据恢复至系统数据库中，数据恢复操作的步骤如下：

（1）点击"系统工具"菜单下"数据管理工具"栏内的"填报数据恢复"按钮，系统将弹出如图 90 所示的文件选择对话框。

图 90　备份文件选择对话框

（2）在文件选择对话框中，选中最近时间的备份文件并点击"打开"按钮，系统将弹出如图 91 所示的提示框，提示用户是否确实要清除系统中已有数据，并将备份文件中的数据恢复至系统中。

图 91　数据覆盖提示框

（3）在提示框中，点击"是"按钮，则将清除已有数据，并将备份数据导入系统中；点击"否"按钮，则退出恢复操作，系统将保留原有数据，并返回系统主界面。

（4）数据恢复完成后，系统将弹出如图 92 所示的提示框，提示数据恢复完成，并可通过"数据上报列表"进行查看。

图 92 数据恢复完成提示框

2.4.9 系统菜单

系统菜单位于功能菜单区的左上角的系统图标处，通过点击图标来弹出菜单，如图 93 所示。该菜单中提供基本情况、帮助文档、版权信息和退出系统功能。

图 93 系统菜单

2.4.9.1 基本情况

显示填报系统中当前县域的基本信息，主要操作步骤为：

（1）在系统主界面中，左键点击左上角的系统图标，则弹出如图 94 所示的系统菜单。

县域生态环境质量考
系统工
基本情况
帮助文档
版权信息
退出系统
据备份 填打
数据管理工
水质监测断面信息表
集中式饮用水源地监测…

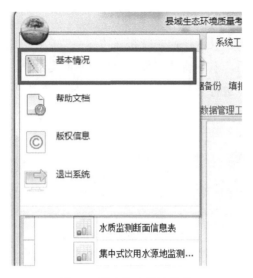

图 94　基本情况系统菜单

（2）在弹出的菜单中，点击“基本情况“菜单项，系统弹出如图 95 所示的当前县域基本信息框。

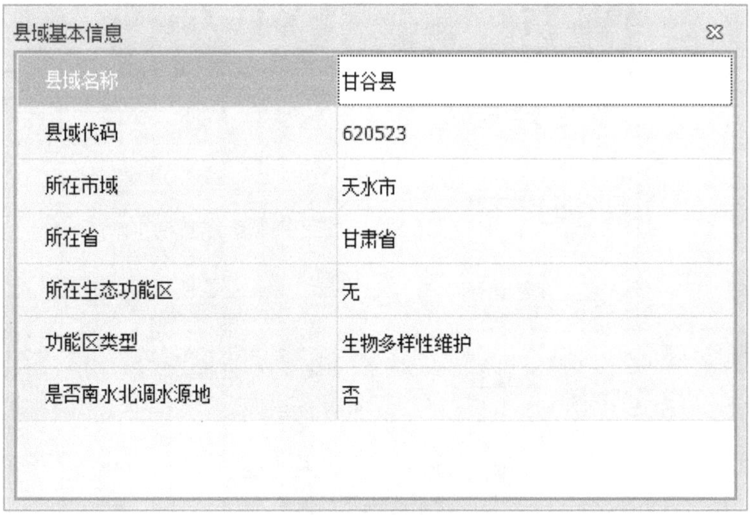

县域基本信息
县域名称
甘谷县
县域代码
620523
所在市域
天水市
所在省
甘肃省
所在生态功能区
无
功能区类型
生物多样性维护
是否南水北调水源地
否

图 95　县域基本情况查看窗体

2.4.9.2　帮助文档

该功能是打开并以主题的方式显示系统帮助文档，具体的操作步骤为：

（1）在系统主界面中，左键点击左上角的系统图标，则弹出如图 96 所示的系统菜单。

图 96　帮助文档菜单项

（2）在弹出的菜单中，点击"帮助文档"菜单项，系统弹出如图 97 所示的系统帮助文档。

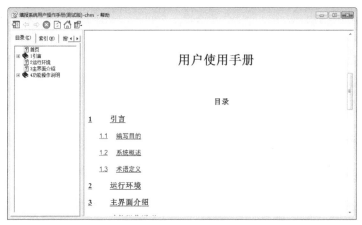

图 97　系统帮助界面

（3）在帮助文档界面，用户可浏览系统帮助文档，并可通过主题查找以及关键字查找的方式快速定位至所关心的文档部分。

2.4.9.3　版权信息

该功能是显示系统版权及版本信息，操作步骤为：

（1）在系统主界面中，左键点击左上角的系统图标，则弹出如图 98 所示的系统菜单。

（2）在弹出的菜单中，点击"版本信息"菜单项，系统弹出系统版权信息，用户可以查看系统相关的版权信息，包括系统名称、版本号、开发单位以及使用单位等。

图 98　版权信息菜单项

2.4.9.4　退出系统

通过该菜单项退出系统，也可通过系统主界面右上角的"关闭"按钮来退出系统，如图 99 所示。当系统中有正在运行的操作，如：质量检查、数据审核等，则系统的"关闭"按钮不可用，只能通过本"退出系统"按钮来退出系统。

图 99　系统关闭按钮

退出系统功能操作步骤如下：

（1）在系统主界面中，左键点击左上角的系统图标，则弹出如图 100 所示的系统菜单。

图 100　退出系统菜单项

（2）在弹出的菜单中，点击"退出系统"菜单项，若当前系统中没有正在运行的操作，则系统直接退出。否则系统将弹出如图 101 所示的提示框，提示用户是否强制退出。

图 101　是否强制退出系统提示框

（3）若要强制退出，则点击"是"按钮，系统将强行关闭正在进行的操作，并退出系统；点击"否"按钮，则系统返回，不退出系统。

2.5　其他数据上报系统主界面说明

"填报系统"主界面采用经典的 Office2010 界面风格，整个界面分为三个区，分别为：菜单区、数据列表区、数据显示编辑区，如图 102 所示。

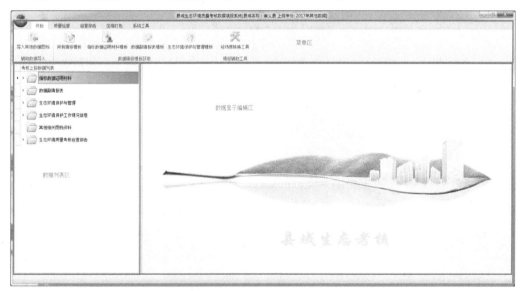

图 102　系统主界面

2.5.1　功能菜单区

系统功能菜单区位于系统主界面的上方，系统主要通过该功能菜单区的功能按钮来完成县域生态环境质量考核数据模板的获取、县域生态环境质量考核填报数据的质量检查、自查报告生成及数据加密打包等功能。本系统的功能按钮根据功能分类分布于五个菜单面板中，这五个面板为：开始、质量检查、自查报告、压缩打包及系统工具。系统功能与各菜单面板间的对应关系，见表44。

表 44　菜单说明表

序号	菜单名称	系统功能
1	开始	县域生态环境填报数据模板获取
2	质量检查	县域生态环境质量考核填报数据质量检查
3	自查报告	县域生态环境质量考核数据自查报告生成、查看及导出
4	压缩打包	县域上报数据预检、加密打包
5	系统工具	系统界面风格切换、数据备份、恢复

菜单面板之间通过菜单面板上方的菜单项，如图 103 所示，点击来进行切换。

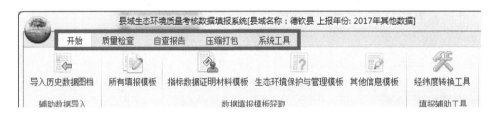

图 103　系统功能菜单切换区

菜单面板在系统运行过程中一般一直显示，但有时为了扩大数据显示区，可通过双击菜单面板上方的菜单项实现菜单面板的隐现，菜单面板隐藏后的界面，如图 104 所示，用户可通过双击菜单面板上方的菜单项恢复菜单面板的显示。

图 104　菜单隐藏后的功能菜单区

系统菜单位于功能菜单区左上角的系统图标处，通过点击图标来弹出菜单，如图 105 所示。该菜单中提供县域基本情况、帮助文档、版权信息和退出系统功能。

图 105　系统菜单

2.5.2　填报数据列表区

　　县域填报数据列表区位于系统主界面的左侧，通过目录树的方式，对各类型的上报数据进行组织。初始状态下，目录树中一级节点包括指标数据证明材料、环境监测、生态环境保护与管理填报表、生态环境保护工作情况信息、其他信息、其他相关图档资料和生态环境质量考核自查报告七部分，根据各部分包含的内容分为二级节点和三级节点，如图 106 所示。

　　系统将通过点击该目录树来实现考核上报数据的浏览，其操作方式与 Windows 的目录操作完全相同，只需逐级打开目录至末级节点，即为具体数据对应的文件或表格，点击即可在数据显示区以文档或表格的方式显示相应数据。数据列表区中数据若不存在，其数据文件名称前面的图标与数据文件存在状况下的图标有所不同，如图 106 所示，图中林地指标证明材料未导入。

图 106　考核上报数据列表

2.5.3　数据显示编辑区

　　数据显示区主要是显示填报数据列表区所选中数据节点对应的文档或表格内容，另外还显示系统生成的自查报告文本及报告附表。

不同的数据内容，其显示样式各不相同，图 107 为文档类数据的显示样式，在文档类显示窗口，可实现文档的打印、换页和显示比例切换等操作。

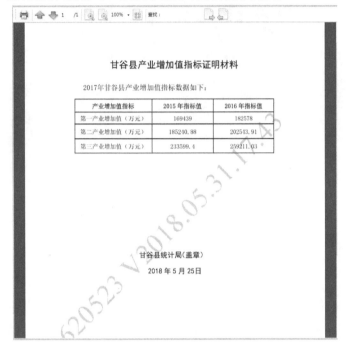

图 107　文档类显示样式

图 108 为表格类数据的显示样式，在表格类显示窗口，可实现数据表的翻页、数据记录的增加、删除、修改等功能操作（通过表格左下方的功能区实现，如图 108 红框内所示）。

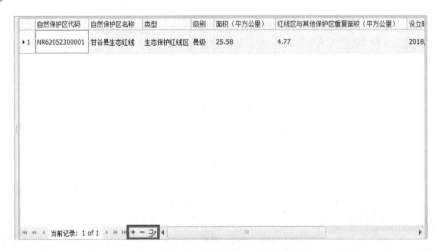

图 108　表格类显示样式

2.6 其他数据上报系统功能操作说明

功能菜单区的功能菜单和县域生态环境质量考核填报数据列表区的右键菜单是本系统的主要功能入口，本章将详细说明菜单功能区功能菜单、填报数据列表区右键菜单及数据显示编辑区的功能操作。

2.6.1 系统登录及初始化

若用户在计算机上对"填报系统"进行了安装，则用户计算机系统桌面上、计算机系统开始菜单中将产生"数据填报系统"的快捷方式，如图 109 所示。若用户未安装，则参照《国家重点生态功能区县域生态环境质量考核数据填报系统安装手册》来完成系统软件的安装，并进入系统初始化及登录界面工作。系统运行及登录的具体步骤包括系统初始化验证、修改登录密码及登录系统三部分。

图 109 "数据填报系统"桌面及开始菜单快捷方式

2.6.1.1 系统初始化验证

双击桌面上的"数据填报系统"快捷方式，或者点击计算机操作系统开始菜单中的"数据填报系统"，则开始运行系统。若在系统安装完成后没有进行系统验证或是验证未成功，则需先进行系统验证，验证步骤如下：

（1）运行系统时，系统弹出如图 110 所示的界面，提示是否进行验证。

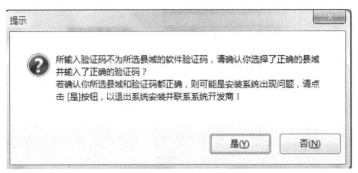

图 110　系统未验证提示

（2）在提示框中，点击"是"按钮，则进入如图 111 所示的系统验证界面；点击"否"按钮，则提示系统未验证，并退出系统登录。

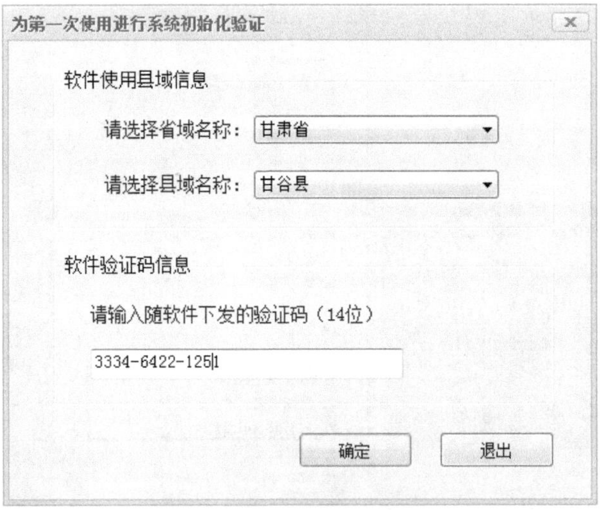

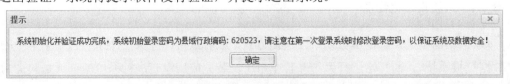

图 111　系统验证界面

（3）在系统验证界面中，选择您所在的省、县名称，并输入随软件下发的 12 位验证码（3 组 4 位数字），若点击"确定"按钮，如果验证码正确，则显示如图 112 所示的验证正确提示信息，红框内内容提示您系统登录的初始密码。若点击"退出"按钮，则退出验证，系统将提示软件没有验证，并提示退出系统。

图 112　初始化成功提示框

点击初始化成功提示框的"确定"按钮，则进入系统登录界面。

注：软件验证码随安装光盘一起下发，一般贴于光盘封面上，若没有或是丢失，请联系系统开发商获取新的验证码。

2.6.1.2 修改登录密码

系统初始化时，将系统的登录密码设为县域的六位行政编码，如：甘谷县的密码为620523。为保证数据及系统安全，建议在第一次使用系统时修改登录密码。步骤如下：

（1）在系统初始化验证成功后，会弹出登录框（以江西省崇义县为例），如图 113所示。

图 113　系统登录界面

（2）点击图 113 中的"修改密码"按钮，则弹出密码修改对话框，如图 114 所示，可以修改登录密码。

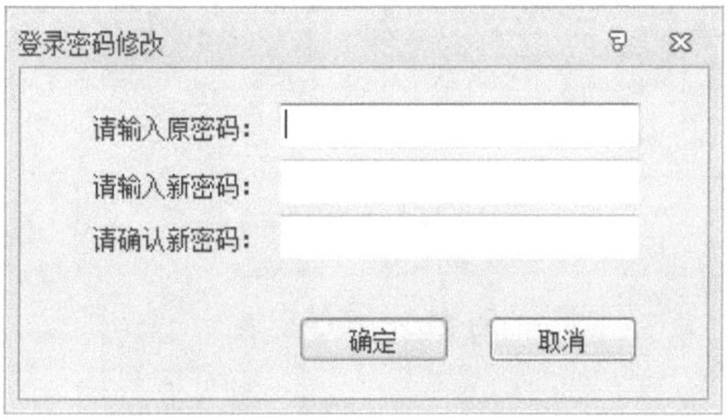

图 114　登录密码修改窗

在图 114 的第一个框中输入原密码，第一次登录时的密码为县域代码，以后再修改时则为用户修改过的密码。在第二个框中输入新密码（密码建议由数字和字母组合而成），然后在第三个框中重新输入新密码，以确认新密码没有输错。

（3）密码输入完成后，点击"确定"按钮，若原密码没有输错，且新密码与确认密码相同，则弹出修改密码成功提示框，如图 115 所示；否则提示原密码错误或新密码与确认密码不匹配错误，这时用户需要重新进行密码的修改。

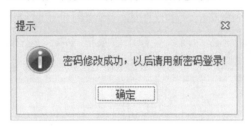

图 115　密码修改成功提示框

注：修改密码为可选步骤，若所用计算机只能本人使用，可不用修改密码。

2.6.1.3　切换县域

"切换县域"功能主要针对省级用户，目的是方便省级用户对各县进行技术支持工作，可以快速实现不同县域系统的切换。步骤如下：

（1）点击登录窗体上的"切换县域"按钮，如图 116 所示。

图 116　县域切换

（2）弹出县域注册码输入窗口，输入注册码后点击"确定"按钮，可以切换到其他县域，如图 117 所示。

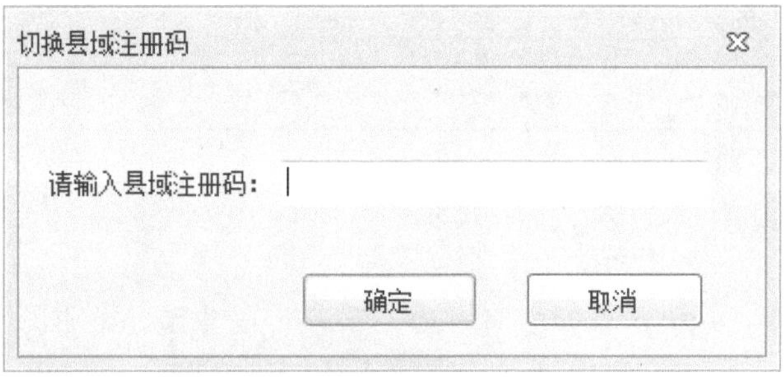

图 117　注册码输入

2.6.1.4　登录系统

系统登录的具体操作步骤为：

（1）在系统登录框中，如图 118 所示，点击"登录"按钮，则开始登录系统。

图 118　系统登录界面

（2）系统第一次登录或是初始化后，会在登录过程中提示用户数据库不存在，提示信息如图 119 所示。点击"是"按钮，则生成上报目录，并进入系统主界面，系统登录完成，如图 120 所示。

图 119　考核年份设置提示框

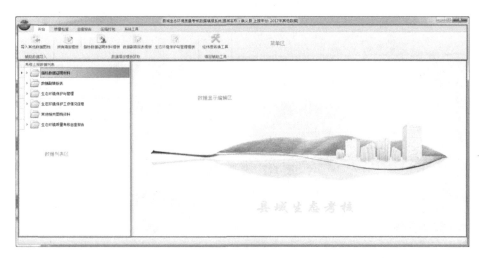

图 120　系统主界面

注：若系统安装时已进行了系统初始化验证工作，则在运行时不会弹出验证相关界面。

2.6.2　历史数据图档导入

系统成功登录后，若没有导入历史图档数据，系统会弹出提示，强制导入历史数据图档，否则会退出系统。历史图档数据导入是将上一年其他数据中的自然保护区、污水处理厂、垃圾填埋场、监测能力等数据以及照片和证明材料导入系统。若为新增县，系统不会弹出该提示框。具体操作步骤为：

（1）点击"开始"菜单下"导入历史数据图档"按钮，如图 121 所示，若没有导入过历史图档数据，图 122 会自动弹出，系统将弹出如图 122 所示的提示选择对话框，

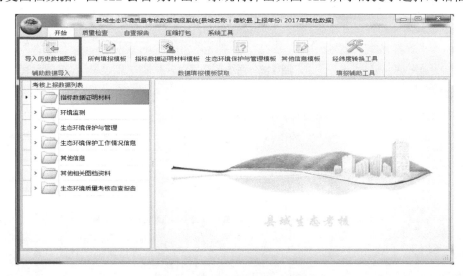

图 121　导入其他数据图档菜单

提示用户导入，点击提示框中的"确定"按钮，则将生态创建、保护区、负面清单、污水处理厂、垃圾填埋场等数据以及照片和证明材料等数据并重新导入；若点击"取消"按钮，则不导入数据，退出系统。

图 122　其他数据图档导入提示框

（2）在提示选择对话框中，点击"确定"按钮，弹出如图 123 所示的文件选择对话框。

图 123　其他文档上报包选择

（3）在文件选择对话框中选择上一年其他数据上报包文件，如图 123 所示，并点击"打开"按钮，弹出如图 124 所示文件导入执行进度框。

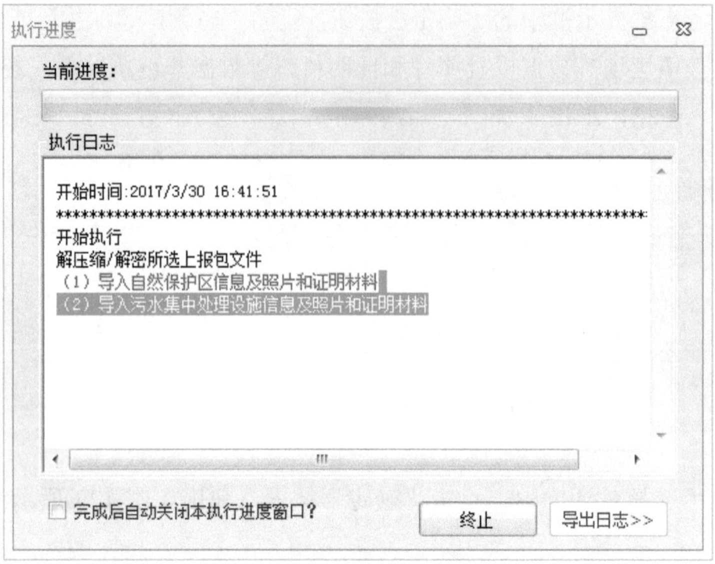

图124　其他文档导入进度框

（4）点击文件导入执行进度提示框中的"终止"按钮，系统将终止文件的导入，文件导入完成后，进度提示框变为如图125所示，点击"导出日志"按钮可以将导入的执行过程日志以文本文档的形式导出到本地；点击"关闭"按钮，关闭导入框。在系统数据显示编辑区可查看导入的图档数据，如图126所示。

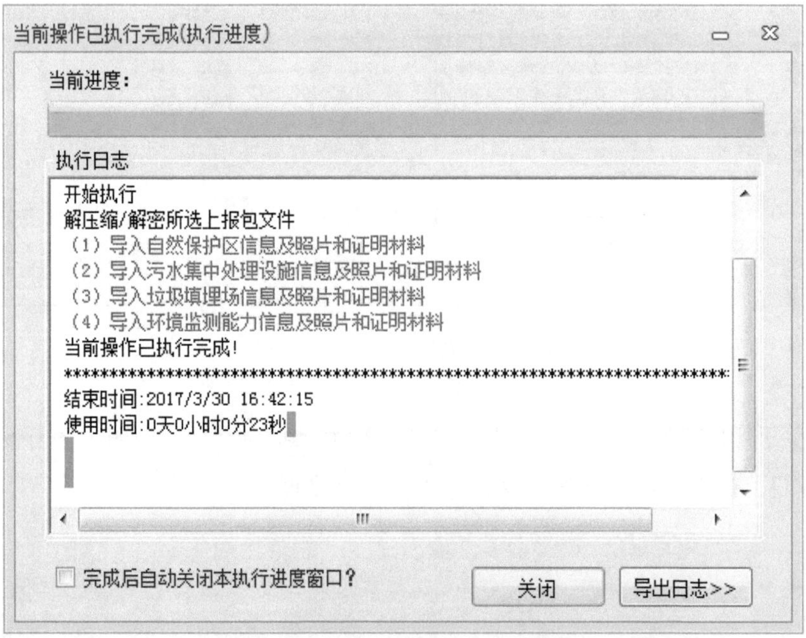

图125　其他图档导入完成对话框

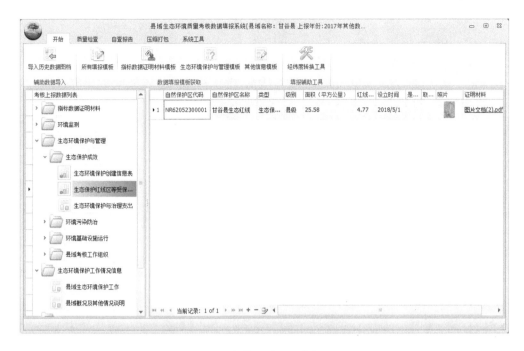

图 126　其他图档导入数据显示

2.6.3　数据填报模板获取

历史图档数据导入成功后，可进行数据填报模板的获取操作。数据填报模板获取是将需要整理导入的县域生态环境质量考核上报数据的填报模板保存至指定的目录下。数据填报模板在系统中有两种获取方式：一种是通过系统上方的功能菜单获取，包括所有填报模板获取、指标数据证明材料模板获取、生态环境保护与管理模板及其他信息模板获取四种类型，这些功能菜单位于系统上方的开始菜单面板中，如图 127 所示；另一种是通过系统左侧数据列表的右键菜单获取，如图 128 所示，此种获取方式比较有针对性，是针对单一上报数据进行的模板获取，用户可以根据自己的需要获取所需数据的模板。

图 127　数据填报模板获取菜单

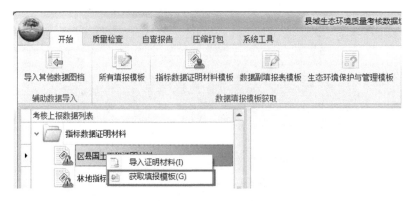

图 128　数据列表右键菜单

表 45 为上报数据的模板清单，用户可以根据自己的需要获取所需的数据模板。

表 45　模板清单

文件夹	模板名称	备注
指标数据证明材料	区县国土面积证明材料.docx	
	林地指标证明材料.docx	
	草地指标证明材料.docx	
	水域湿地指标证明材料.docx	
	耕地和建设用地指标证明材料.docx	
	未利用地指标证明材料.docx	
	城镇生活污水集中处理率证明材料.docx	
	土壤侵蚀指标证明材料.docx	
	沙化土地指标证明材料.docx	
	城镇生活垃圾无害化处理率.docx	
	专项转移支付资金证明材料.docx	
	产业增加值指标证明材料.docx	
生态环境保护与管理	垃圾填埋场信息表.xlsx	
	年度减排任务完成情况.xlsx	
	农村环境综合整治情况.xlsx	
	生态保护红线区等受保护区域信息表.xlsx	
	生态环境保护创建信息表.xlsx	

文件夹	模板名称	备注
其他信息	县域自然、社会、经济基本情况表.xlsx	
	农村环境连片整治情况表.xlsx	
	土地利用信息表.xlsx	
	土地利用信息表（补充）.xlsx	

2.6.3.1　功能菜单获取填报模板

系统上方功能菜单中填报模板的获取主要包括所有填报模板、指标数据证明材料模板、生态环境保护与管理、其他信息模板的获取四个子菜单项，各菜单项功能的操作步骤一致，这里以所有填报模板获取功能为例，具体操作步骤为：

（1）点击"开始"菜单下"数据填报模板获取"栏中"所有填报模板"按钮，如图129所示，系统将弹出如图129所示的模板保存目录选择对话框。

图129　数据填报模板获取菜单

图130　模板保存路径选择对话框

（2）在模板保存目录选择对话框中，选取填报模板文件的保存目录，如图130所示，选择了"模板"文件夹来存放导出的填报数据模板文件（若需要新建目录，可通过左下角的"新建文件夹"新建目录来保存）。

（3）选择好目录后，点击"确定"按钮，弹出模板导出执行进度框，如图131所示。在模板获取过程中，可点击"终止"按钮随时终止获取过程，也可勾选"完成后自动关闭本执行进度窗口？"，在完成模板获取过程后自动关闭该执行进度框。在模板导出执行进度框中，执行日志显示了执行的进度。导出过程执行完成后，点击模板导出执行进度框中的"导出日志"按钮，可将执行日志以文本文档的形式导出到本地。

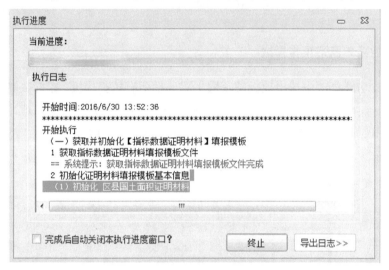

图131　模板导出执行进度框

（4）模板导出执行完成后，填报模板导出至指定的目录中，如图132所示。

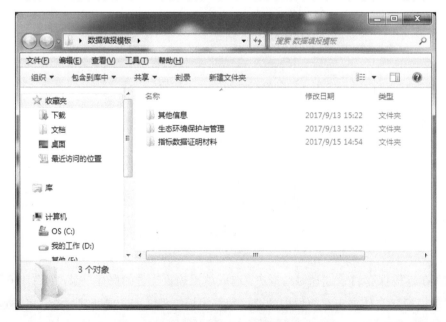

图132　导出的所有填报模板文件

2.6.3.2　右键菜单获取填报模板

（1）在填报数据列表区展开"指标数据证明材料"目录，并在需要导出数据的节点上右键点击，弹出右键功能菜单，如图 133 所示。

图 133　模板获取右键功能菜单

（2）在弹出的功能菜单中，点击"获取填报模板"菜单项，弹出如图 134 所示的文件存放目录选择对话框。

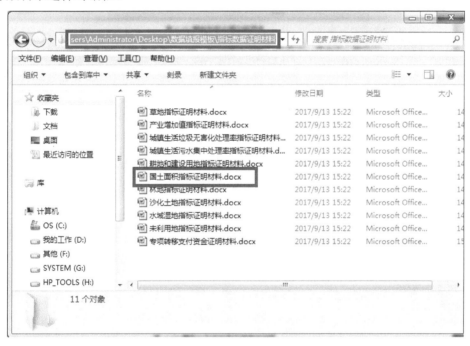

图 134　模板文件存放路径选择对话框

（3）在文件存放目录选择对话框中，选择导出文件存放目录，导出文件的存放目录为"指标数据证明材料"文件夹；对话框中的默认保存文件名为获取的数据名称，用户可以自行修改。点击"保存"按钮，模板文件将保存到用户选择的目录下。

注：模板获取完成后用户可根据填写规范的要求，通过 Excel 或 Word 软件在模板中输入相关数据。

2.6.4　数据导入与修改

数据导入与编辑主要完成数据文件的导入和数据的录入工作。在所有数据模板获取并填写完成后，即可进行此操作。目前，系统导入的文件类型主要有：指标数据证明材料、环境监测、生态环境保护与管理表、生态环境保护工作情况信息、其他信息、其他相关图档资料、生态环境质量考核自查报告等，各数据类别入库方式见表46，表中所有的数据类别及名称与系统上报数据列表区的目录树相对应。

表 46　数据录入方式表

数据类别	数据名称	右键菜单导入	界面录入	推荐入库方式
指标数据证明材料	区县国土面积证明材料	支持	不支持	导入
	林地指标证明材料	支持	不支持	导入
	草地指标证明材料	支持	不支持	导入
	水域湿地指标证明材料	支持	不支持	导入
	耕地和建设用地指标证明材料	支持	不支持	导入
	未利用地指标证明材料	支持	不支持	导入
	土壤侵蚀指标证明材料	支持	不支持	导入
	沙化土地指标证明材料	支持	不支持	导入
	城镇生活污水集中处理率指标证明材料	支持	不支持	导入
	城镇生活垃圾无害化处理率指标证明材料	支持	不支持	导入
	专项转移支付资金证明材料	支持	不支持	导入
	产业增加值指标证明材料	支持	不支持	导入
环境监测/环境监测信息表	污染源基本信息表	不支持	支持	不支持
生态环境保护与管理/生态保护成效	生态环境保护创建信息表	支持	支持	导入
	生态保护红线区等受保护区域信息表	支持	支持	导入
	生态环境保护与治理支出	不支持	支持	界面录入
生态环境保护与管理/环境污染防治	年度减排任务完成情况	支持	支持	导入
	产业准入负面清单制定情况	不支持	支持	界面录入
	产业准入负面清单考核情况	不支持	支持	界面录入
	农村环境综合整治情况	支持	支持	导入

数据类别	数据名称	右键菜单导入	界面录入	推荐入库方式
环境基础设施运行	污水集中处理设施信息表	支持	支持	导入
	垃圾填埋场信息表	支持	支持	导入
生态环境保护与管理/考核工作组织	考核工作组织情况	不支持	支持	界面录入
生态环境保护工作情况信息	县域生态环境保护工作	不支持	支持	界面录入
	县域概况及其他情况说明	不支持	支持	界面录入
其他信息	县域自然、社会、经济基本情况表	支持	支持	导入
	农村环境连片整治情况表	支持	支持	导入
	土地利用信息表	支持	支持	导入
	土地利用信息表（补充）	支持	支持	导入
其他相关图档资料		支持	不支持	导入
生态环境质量考核自查报告	生态环境质量考核数据指标汇总表	不支持	不支持	软件生成
	生态环境保护工作情况说明	不支持	不支持	软件生成

其中"水质监测断面信息表""空气监测点位信息表""污染源基本信息表""集中式饮用水水源地监测点信息表"中的数据为系统自带数据，无需导入。

2.6.4.1　指标数据证明材料导入

指标数据证明材料主要包括区县国土面积证明材料、林地指标证明材料、草地指标证明材料、水域湿地指标证明材料、耕地和建设用地指标证明材料、未利用地指标证明材料、城镇生活污水集中处理率证明材料等。

以自然生态指标证明材料中的"区县国土面积证明材料"的导入为例来说明文件的导入过程。

（1）在填报数据列表区展开"指标数据证明材料"目录，并在"区县国土面积证明材料"节点上右键点击，弹出右键菜单，如图135所示

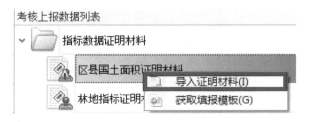

图135　数据导入右键菜单

（2）在弹出的功能菜单中，点击"导入证明材料"菜单项，弹出如图 136 所示的文件选择对话框。若此时操作系统中同时打开了 Word 文件，则会弹出 Word 文件正在运行提示框，如图 137 所示，此时需要关闭系统中的 Word 文件，然后点击提示框中的"重试"按钮继续文件的导入，点击"取消"按钮，取消文件导入操作。

图 136　文件选择对话框

图 137　Word 文件运行提示框

（3）在文件选择对话框中选择区县国土面积证明材料文件，并点击"打开"按钮。若该数据以前已经导入，则弹出如图 138 所示的提示框，提示用户是否重新导入并替换已有文档。

图 138　文件替换确认框

（4）点击如图 138 所示框中的"是"按钮，系统则自动导入文件，并弹出导入执行进度提示框，如图 139 所示。在导入过程中，可点击"终止"按钮随时终止导入过程，也可勾选"完成后自动关闭本执行进度窗口？"，在完成导入过程后自动关闭该执行进度框。

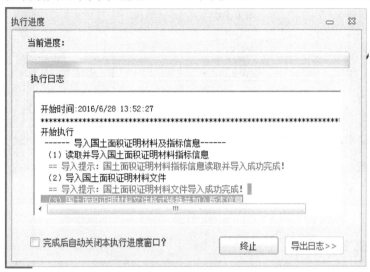

图 139　文件导入执行进度提示框

（5）导入完成后，导入执行进度框变成如图 140 所示的形式，点击导入执行进度窗口中的"导出日志"按钮，可将执行日志以文本文档的形式导出到本地。同时，在数据显示编辑区显示该文件，如图 141 所示。

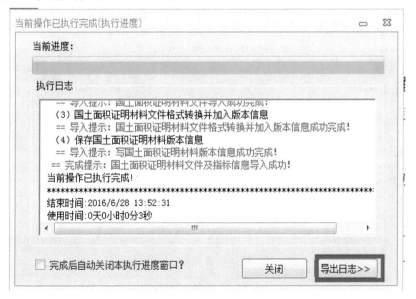

图 140　文件导入执行进度提示框

图 141　文件显示窗

2.6.4.2　环境监管材料录入

录入污染源环境监管信息，操作步骤如下：

在填报数据列表区展开"环境监测"目录下的"环境监测信息表"目录，点击"污染源基本信息表"，如图 142 所示。

点击右侧表格的照片列（红框位置）。

图 142　点击监管材料列

弹出点击右侧表格的监管材料列（红框位置）。通过下图的窗口可以增加、删除及查看材料，如图 143 所示。

图 143　管理材料

2.6.4.3　生态环境保护与管理信息导入

生态环境保护与管理包括生态保护成效、环境污染防治、环境基础设施运行及县域考核工作组织四项内容，如图 144 所示。生态环境保护与管理信息的大多数数据都支持导入（具体参见表 46 数据录入方式表 ），导入步骤如下。

图 144　生态环境保护与管理数据列表

以"生态环境保护创建信息表"导入为例介绍如下。

在"生态环境保护与管理"中展开"生态保护成效"目录，右键点击的"生态环境保护创建信息表"节点。

在弹出的菜单上选择"导入表格数据"，如图 145 所示。

图 145　导入表格数据

在弹出的窗口上选择对应文件，点击打开按钮，如图 146 所示。

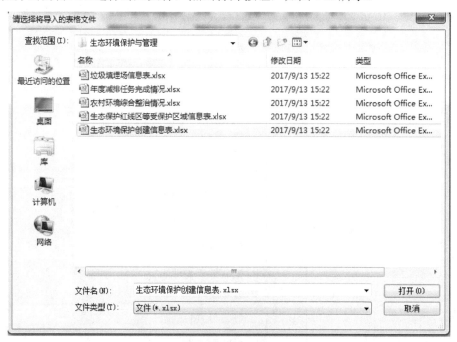

图 146　文件选择

弹出导入进度对话框，导完后关闭进度对话框，表格中显示导入的数据，如图 147 所示。

图 147　导入完成

2.6.4.4　生态环境保护与管理相关照片导入

需要导入照片的表有生态保护红线区等受保护区域信息表、农村环境综合整治、污水集中处理设施信息表及垃圾填埋场信息表，照片在导入系统时将自动命名。

以生态保护红线区等受保护区域信息表照片信息的导入为例，步骤如下：

（1）在"填报数据列表区"中展开"生态环境保护与管理"/"生态保护成效"目录，点击"生态保护红线区等受保护区域信息表"节点。

（2）点击右侧表格的照片列（图 148 红框位置）。

图 148　表格中照片列

（3）弹出照片导入界面，如图149所示。

图149　照片管理界面

（4）点击图150红框中"新增"按钮，弹出选择照片界面，选择一张或多张图片，点击"打开"，导入照片。

图150　照片选择

（5）照片导入时，系统将自动为照片命名，照片导入后可以通过"前一张""后一张"按钮进行浏览，也可以通过"删除"按钮删除，如图151所示。

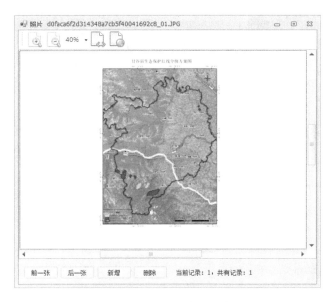

图 151　照片浏览、删除

（6）关闭照片管理窗口，可以在数据列表中显示照片的缩略图（第一张图片），如图 152 所示。

图 152　数据列表照片显示

2.6.4.5　生态环境保护与管理相关附件导入

以生态保护红线区等受保护区域信息表为例，操作步骤如下：

在填报数据列表区展开"生态环境保护与管理"/"生态保护成效"，点击"生态保护红线区等受保护区域信息表"节点，在界面右侧显示证明材料列表，如图 153 所示，点击红框位置，弹出标准添加界面，如图 154 所示。

图 153　证明材料导入

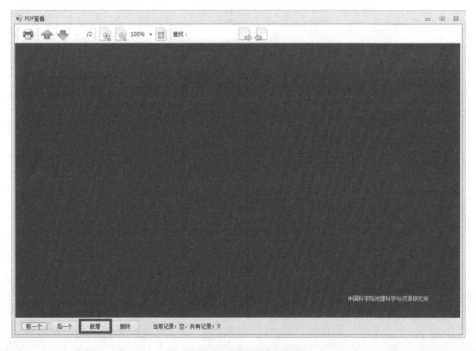

图 154　证明材料管理界面

点击图 154 红框位置的新增按钮，弹出如图 155 所示界面，选择相应文件（一个或多个），并点击打开按钮，提示保存成功，并在如图 156 所示界面中显示导入的文件。另外，也可以在这个界面中对多个文件进行浏览及删除。

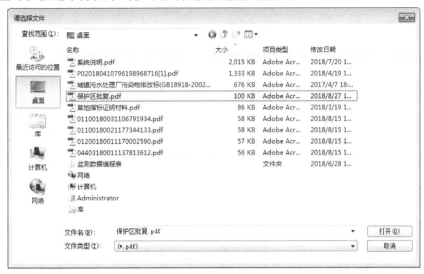

图 155　证明材料选择

图 156　证明材料导入成功

关闭图 156 所示界面，将在图 157 所示红框中显示标准名称，点击红框也可以查看已导入的证明材料。

图 157 证明材料在列表的显示样式

2.6.4.6 生态环境保护与管理信息录入

生态环境保护与管理中少部分数据（具体参见表 46）只支持录入方式添加数据，各数据在生态环境保护与管理数据列表中的位置如图 144 所示。以"生态环境保护与管理"/"生态保护成效"下的"生态环境保护与治理支出"为例，具体操作步骤如下：

在填报数据列表区展开"生态环境保护与管理"目录，然后展开"生态保护成效"目录，点击"生态环境保护与治理支出"节点，在右侧的数据显示及编辑区将显示生态环境保护与治理支出信息表，如图 158 所示。

图 158 县域环境监测能力投入情况表

可以根据实际情况添加或修改各字段值，其中资金预算相关材料需导入相关文件。待所有数据填写完成后，点击右下角的"保存"按钮将相关数据保存起来。

2.6.4.7　生态环境保护工作情况信息

生态环境保护工作情况信息中少部分数据（具体参见表46）只支持录入方式添加数据，各数据在生态环境保护工作情况信息列表中的位置如图144所示。以生态环境保护工作情况信息节点下的"县域生态环境保护工作"为例，具体操作步骤如下：

在填报数据列表区展开"生态环境保护工作情况信息"目录，然后点击"县域生态环境保护工作"节点，在右侧的数据显示及编辑区将显示县域生态环境保护工作信息表，如图159所示。

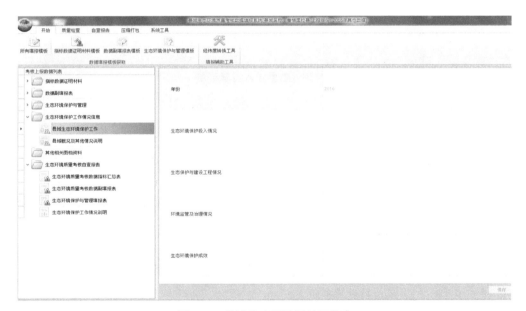

图 159　县域生态环境保护工作表

可以根据实际情况添加或修改县域生态环境保护工作表的各字段值。待所有数据填写完成后，点击右下角的"保存"按钮将相关数据保存起来。

2.6.4.8　其他数据模板导入

其他数据包括县域自然、社会、经济基本情况表，自然保护区等受保护区域信息表，农村环境连片整治情况表，土地利用信息表，土地利用信息表（补充）等。

基础信息数据均为 Excel 表格文件。其导入操作过程基本相同，以其他数据中的"土地利用信息表"的导入为例来说明文件的导入步骤。

（1）在填报数据列表区展开"其他信息"，在"土地利用信息表"节点上右键点击，弹出右键菜单，如图 160 所示。

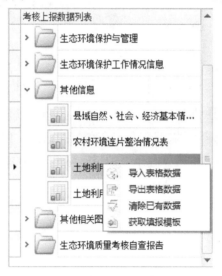

图 160　数据导入右键菜单

（2）在弹出的功能菜单中，点击"导入表格数据"菜单项，弹出如图 161 所示的文件选择对话框。

图 161　文件选择对话框

（3）在文件选择对话框中选择土地利用信息表文件，并点击"打开"按钮，弹出导入字段对应关系检查对话框，如图 162 所示。

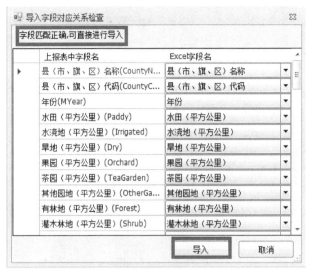

图 162　字段对应关系检查对话框

（4）在图 162 中，若显示字段匹配正确、可直接进行导入，则可点击"导入"按钮，导入数据；若 Excel 中的字段名与上报表中的字段名不能对应，则会出现如图 163 所示的错误提示，图中红框内上报表中字段名中的茶园字段在 Excel 表格中找不到对应的字段名，此时需要用户选择 Excel 中匹配的字段项。点击图中蓝框内 Excel 字段名下的下拉按钮，选择与茶园匹配的字段，如图 164 所示，选择茶园 1 字段名，然后点击"导入"按钮，继续数据的导入过程。

图 163　字段对应关系检查对话框

图 164　字段对应选择示例窗

（5）在导入字段对应关系检查对话框中点击"导入"按钮后，弹出如图 165 所示文件导入执行进度框。若该数据以前已经导入，则弹出如图 166 所示的提示框，提示用户

图 165　文件导入执行进度提示框

是否删除并重新导入数据文件，点击提示框中的"是"按钮，则删除数据文件并重新导入；若点击"否"按钮，则在原有数据文件基础上导入新的数据文件，只导入与原有文件不重复的数据内容；若点击"取消"按钮，将取消导入过程。点击文件导入执行进度提示框中的"终止"按钮，系统将终止文件的导入；勾选"完成后自动关闭本执行进度窗口？"，在完成导入过程后自动关闭该执行进度框。

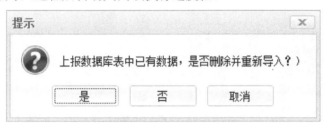

图 166　文件替换确认框

（6）点击文件导入执行进度提示框中的"终止"按钮，系统将终止文件的导入，文件导入完成后，文件导入执行进度提示框变为如图 167 所示提示框，点击"导出日志"按钮可以将导入的执行过程日志以文本文档的形式导出到本地；点击"关闭"按钮，关闭导入框。同时，在系统数据显示编辑区显示导入的表格数据，如图 168 所示。

图 167　文件导入执行完成提示框

图 168　数据表格显示窗

2.6.4.9　其他数据照片导入

其他数据中需要导入照片的表为农村环境连片整治情况表。具体步骤参考 2.6.4.4 生态环境保护与管理相关照片导入。

2.6.4.10　其他相关图档资料导入

其他相关图档资料的导入主要实现补充材料的导入。操作步骤为：

（1）右键点击目录树"其他相关图档资料"，弹出"批量导入文件"菜单，点击该项，如图 169 所示。

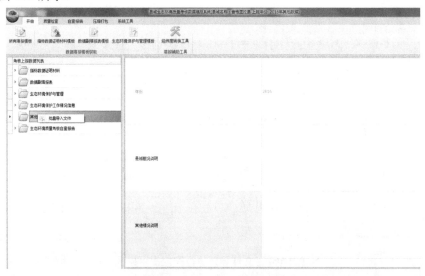

图 169　其他相关图档资料导入

（2）在弹出的文件选择对话框中选择一个或多个文件，点击"打开"，如图 170 所示。

图 170　文件选择对话框

（3）在弹出的对话框中点击"是"，完成文件导入，如图 171 所示。

图 171　导入确认

2.6.4.11　数据修改

数据导入或录入到系统中之后，工作人员可能会发现数据存在填写错误或缺少部分数据，则需要对数据进行修改（包括数据的添加、修改及删除）。对于只支持导入的数据可以通过修改模板后导入来修改数据，如证明材料和监测数据。对于表格数据用户可以通过编辑功能对数据进行增加、修改及删除操作。数据编辑的操作分为两类：一类是横向表格的编辑，类似于 Excel 中的表格样式，此类表格可新增或删除行记录；另一类是纵向表格的编辑，此类表格记录条数固定，只允许用户增加或修改各字段值，而不能添加新的记录。两类表格分别介绍如下：

1) 横向表格

以"生态保护红线区等受保护区域信息表"的编辑为例来说明，操作步骤如下：

在"填报数据列表区"中展开"生态环境保护与管理" / "生态保护成效"目录，点击"生态保护红线区等受保护区域信息表"节点，在右侧的数据显示及编辑区将显示自然保护区等受保护区域信息，如图172所示，通过表格左下方的按钮，用户可以实现数据的录入、删除及编辑操作，分别介绍如下：

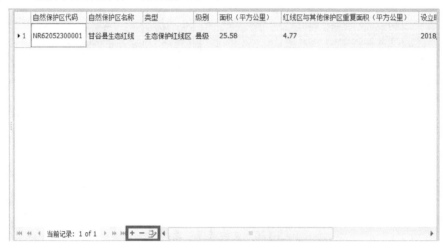

图 172　横向表格（可增减行）

（1）数据增加操作

①点击表格左下方的 ✚ 按钮，弹出数据增加界面，可实现数据的增加操作，如图173所示。

图 173　数据增加对话框

②在数据增加窗口中依次输入各数据项，点击"保存"按钮，弹出新增成功提示框，如图 174 所示。

图 174　新增成功提示框

③点击新增成功提示框中的"确定"按钮，则该记录将增加到数据显示区的表中。

（2）数据删除操作

①在数据显示区中点击选中表格中的一行数据，点击表格左下方的 ━ 按钮，弹出数据删除确认对话框，如图 175 所示。

图 175　数据删除确认框

②若想要删除选中的数据，则点击"是"按钮，该数据将被删除，并弹出删除成功提示框，如图 176 所示；若点击"否"按钮，将取消删除操作。

图 176　数据删除成功提示框

（3）数据修改操作

①在数据显示区中点击选中表格中的一行数据的序号，点击表格左下方的 ✏ 按钮（或者单击该行数据），如图 177 所示，弹出数据修改窗口，如图 178 所示。

自然保… 自然保… 类型 级.. 面积（平… 红线区与其他保护区重… 设… 是… 取… 照片 证明材料 备..
1 NR620… 甘谷县… 生态… 县.. 25.58 4.77 201… 保护区批复.pdf
当前记录：1 of 1

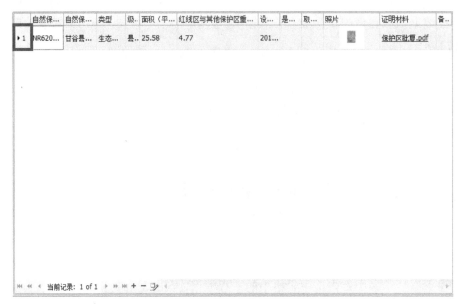

图 177　数据显示区

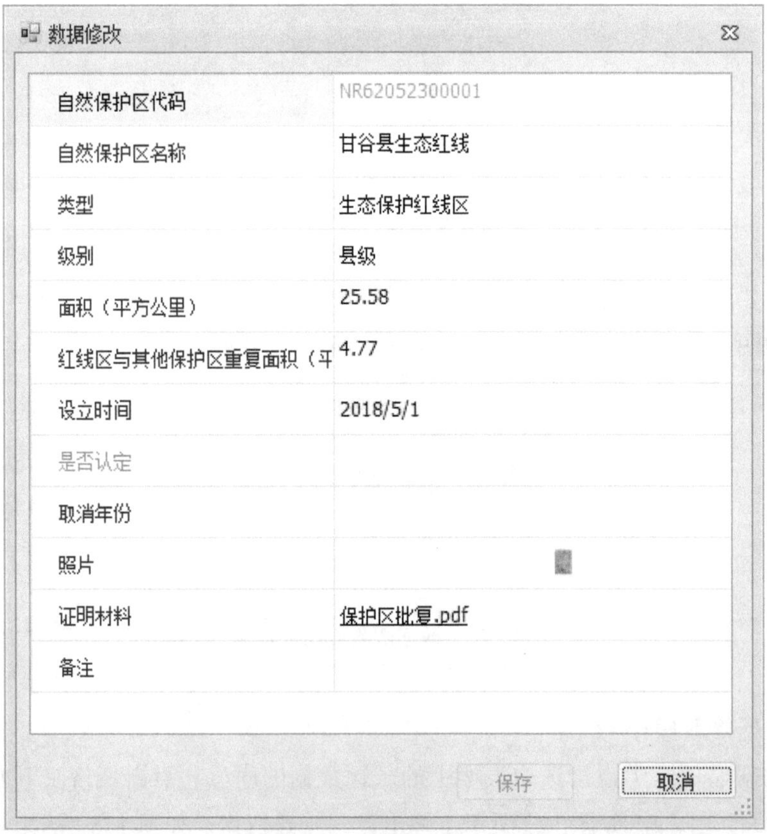

数据修改
自然保护区代码 NR62052300001
自然保护区名称 甘谷县生态红线
类型 生态保护红线区
级别 县级
面积（平方公里） 25.58
红线区与其他保护区重复面积（平 4.77
设立时间 2018/5/1
是否认定
取消年份
照片
证明材料 保护区批复.pdf
备注
保存
取消

图 178　数据修改对话框

②在数据修改窗口中修改各数据项，点击"保存"按钮，弹出修改成功提示框，如图 179 所示。

图 179　数据修改成功提示框

③点击新增成功提示框中的"确定"按钮，则修改后的记录将显示在数据显示区的表中。

2）纵向表格

以"生态环境保护与管理"/"生态保护成效"下的"生态环境保护与治理支出"为例，步骤如下：

在填报数据列表区展开"生态环境保护与管理"目录，然后展开"生态保护成效"目录，点击"生态环境保护与治理支出"节点，在右侧的数据显示及编辑区将显示生态环境保护与治理支出信息表，如图 180 所示。

图 180　县域环境监测能力投入情况表

可以根据实际情况添加或修改各字段值，其中资金预算相关材料需导入相关文件。待所有数据填写完成后，点击右下角的"保存"按钮将相关数据保存起来。

注：数据的导入和编辑都是通过目录树来完成的。建议用户系统提供导入功能的数据都采用导入的方式录入数据。在导入 Word 格式的数据前，确认已关闭计算机上所有的 Word 程序，否则在导入时系统会弹出提示框，提示用户关闭 Word 程序，如图 181 所示。

图 181   Word 未关闭提示框

若出现此提示框时，请关闭所有 Word 应用程序，并返回此窗口点击"重试"按钮即可。

2.6.4.12   数据清除

数据清除是将用户导入或录入到系统中的数据删除掉，所有通过数据列表目录树右键菜单导入的材料都可通过右键菜单进行数据清除操作。以水质监测数据的清除为例来说明其操作方法。

（1）点击上报数据列表中的"其他信息"，展开其目录，右键点击"农村环境连片整治情况表"，弹出右键菜单，如图 182 所示。

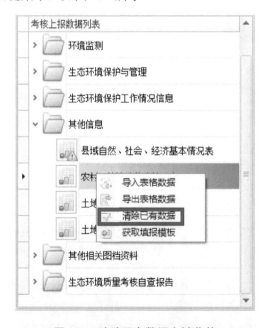

图 182   清除已有数据右键菜单

（2）点击右键弹出菜单中的"清除已有数据"，弹出清除提示对话框，如图 183 所示。

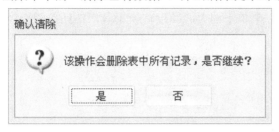

图 183　记录是否删除确认框

（3）在清除提示对话框中，点击"是"按钮，系统将删除该数据；点击"否"按钮，将取消删除操作。

2.6.4.13　经纬度转换

在数据录入或编辑过程中，需要输入经纬度数据。由于系统中要求录入的经纬度数据以度分秒的形式表现，如图 184 中垃圾填埋场信息表中的经纬度信息，经度为105°21′14.61″，而实际获取的数据有可能是以度的形式表示的（如 105.354058 度），需要将其转换为度分秒的形式再录入到系统中。为方便用户操作，系统提供了经纬度转换工具。

图 184　污水集中处理设施信息表编辑窗

经纬度转换的具体操作步骤为：

（1）点击"开始"菜单下的"经纬度转换工具"按钮，弹出经纬度转换对话框，如图 185 所示。

图 185　经纬度转换对话框

（2）在经纬度转换对话框中输入转换前度数，如图 185 红框中所示；然后点击"转换"按钮，显示如图 186 所示转换结果。

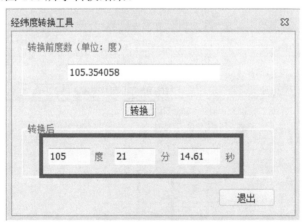

图 186　经纬度转换对话框

2.6.5　质量检查

在部分县域或所有县域填报数据上报并导入到系统后，即可进行数据质量检查。数据质量检查主要是完成入库数据的质量检查，包括各类数据是否入库、数据项是否填写完整等。数据质量检查操作主要是通过主界面的质量检查菜单展开，其布局如图 187 所示，检查完成后将给出检查记录，用户可根据检查记录修改数据。

图 187 质量检查菜单面板

质量检查功能按其功用分为两类：所有填报数据质量检查、填报数据分项质量检查。

注：数据检查发现的问题并非一定是错误的，可根据实际情况判断是否修改。

2.6.5.1 所有填报数据质量检查

所有填报数据质量检查是指批量检查该县域内所有填报数据的质量，具体的操作步骤为：

（1）点击"质量检查"菜单下"填报数据质量检查"栏中的"所有填报数据检查"按钮，弹出执行进度对话框，如图 188 所示。

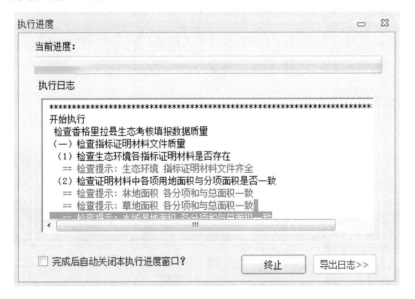

图 188 质量检查进度及日志提示框

（2）系统将依次检查生态环境各指标证明材料是否完整、证明材料中各项用地面积与分项面积是否一致、生态考核指标汇总表等填报内容，在检查过程中，将通过日志的方式动态显示检查提示和结果，如图 188 所示。

（3）数据质量检查操作执行完成后，点击执行进度对话框的"关闭"按钮，关闭当前对话框；点击"导出日志"按钮，以文本文档的形式导出质量检查执行日志，导出的日志如图 189 所示。

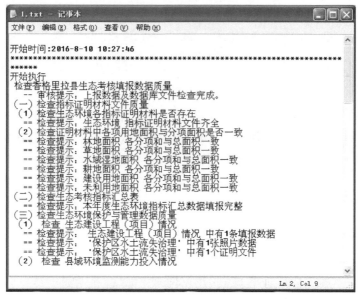

图 189　执行日志文本框

用户可根据执行日志提示的错误，修改相关数据，并导入或界面录入，完成后再进行数据检查，循环该过程直到数据检查通过。

2.6.5.2　填报数据分项检查

为了使质量检查更有针对性，系统除提供所有填报数据质量检查外，还提供了分项检查功能，检查填报某一类数据的质量，主要包括指标证明材料、指标汇总表等检查内容，如图 190 所示。

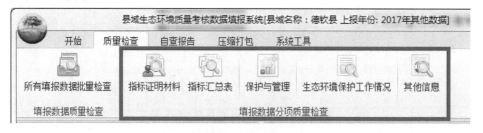

图 190　填报数据分项质量检查功能菜单

各项数据质量检查的操作步骤相同，具体的操作步骤以水质监测数据的检查为例。

（1）点击"质量检查"菜单下"填报数据分项质量检查"栏中的"水质监测数据"按钮，弹出执行进度对话框，如图 191 所示。

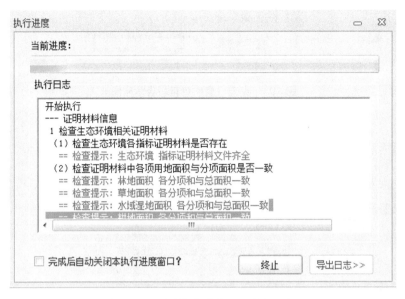

图 191 质量检查进度及日志提示框

（2）系统将依次检查水质监测数据副填报表中是否有生态环境指标证明材料、指标材料中各项用地面积与分项面积是否一致两部分内容，在检查过程中，将通过日志的方式动态显示检查提示和结果，如图 191 所示。

（3）数据质量检查操作执行完成后，点击执行进度对话框的"关闭"按钮，关闭当前对话框；点击"导出日志"按钮，以文本文档的形式导出质量检查执行日志。

用户可根据执行日志提示的错误，修改相关数据，并导入或界面录入，完成后再进行数据检查，循环该过程直到数据质量检查通过。

2.6.6 自查报告

完成数据质量检查之后，系统可以为用户自动生成自查报告相关的"生态环境质量考核数据指标汇总表"及"生态环境保护工作情况说明"。自查报告的生成有两种操作方式，一种是通过主界面菜单，如图 192 来进行；另一种是点击左侧目录树，如图 193来进行。

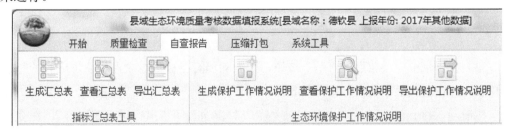

图 192 自查报告功能菜单

图 193　点击目录树自查报告示意图

2.6.6.1　指标汇总表工具

指标汇总表工具主要实现生态环境质量考核数据指标汇总表的生成、查看与导出功能，在系统上方菜单栏中具体功能按钮如图 194 所示。

图 194　指标汇总表工具菜单

1）生成汇总表

本功能主要是生成生态环境质量考核数据指标汇总表。采用系统上方功能菜单生成汇总表的具体操作步骤为：

（1）点击"自查报告"菜单下"指标汇总表工具"栏中的"生成汇总表"按钮，系统将开始自动生成指标汇总表。若汇总表以前已生成，则弹出如图 195 所示的提示框，提示用户是否重新生成并替换。

图 195　文件替换提示框

（2）在提示框中，若点击"是"按钮，则删除已有指标汇总表，重新生成新的指标汇总表，并在进度显示框内输出过程日志，如图 196 所示。在生成过程中，可点击"终止"按钮随时终止生成过程，也可勾选"完成后自动关闭本执行进度窗口？"，在完成生成过程后自动关闭该生成执行进度框。

图 196　指标汇总表执行进度及日志提示框

（3）生成汇总表执行过程结束之后，系统会在数据显示窗口自动显示数据副填报表文本。在执行结果框中，可通过"导出日志"按钮以文本文件的形式导出执行日志。

采用界面左侧上报数据列表的右键菜单生成汇总表的具体操作步骤为：

一是在"填报数据列表区"展开"生态环境质量考核自查报告"目录，右键点击"生态环境质量考核数据指标汇总表"，则弹出如图 197 所示的右键功能菜单。

图 197　指标汇总表生成右键菜单

二是在弹出的功能菜单中，点击"生产指标汇总表"菜单项，系统将开始自动生成指标汇总表。若汇总表以前已生成，则弹出如图 198 所示的提示框，提示用户是否重新生成并替换。

图 198　文件替换提示框

剩余的操作过程同采用主界面菜单方式生成汇总表的操作方法一致。

2）查看汇总表

本功能主要是查看已生成的生态环境质量考核数据指标汇总表。具体操作步骤为：点击"自查报告"菜单下"指标汇总表工具"栏内的"查看汇总表"按钮，或者在"填报数据列表区"展开"生态环境质量考核自查报告"目录，点击"生态环境质量考核数据指标汇总表"；若汇总表已生成，则在系统的数据显示区内直接显示生态环境质量考核数据指标汇总表，如图 199 所示。否则系统将提示"文件不存在，可能是未生成或是被破坏，请通过右键菜单清除数据后重新导入后再试"的提示框，如图 200 所示。

图 199　考核指标汇总表显示窗

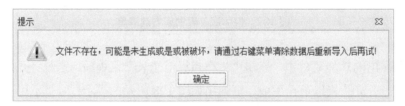

图 200　文件不存在或破坏提示框

3）导出汇总表

本功能主要是将系统生成的生态环境质量考核数据指标汇总表导出为 pdf 文档，以方便用户随时查看。采用界面上方系统菜单导出汇总表的具体操作步骤为：

（1）点击"自查报告"菜单下"指标汇总表工具"栏内的"导出汇总表"按钮，则弹出文件保存对话框，并提示用户选择并输入报告文本保存路径及文件名，图 201 为选择了目录并输入文件名的对话框示例。

图 201　汇总表文件保存路径选择对话框

（2）选择好保存目录并输入文件名后，点击"保存"按钮，则将当前系统内的指标汇总表文件导出到用户指定的位置。

采用界面左侧上报数据列表的右键菜单导出汇总表的具体操作步骤为：

①在"填报数据列表区"展开"生态环境质量考核自查报告"目录，右键点击"生态环境质量考核数据指标汇总表"，则弹出如图 202 所示的右键功能菜单。

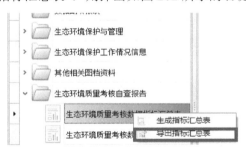

图 202　指标汇总表生成右键菜单

②在弹出的功能菜单中，点击"导出指标汇总表"菜单项，弹出文件保存对话框。剩余操作过程同采用主界面菜单方式导出汇总表的操作方法一致。

2.6.6.2　生成生态环境保护工作情况说明

指标汇总表工具主要实现生成生态环境保护工作情况说明文本的生成、查看、导出功能，在系统上方功能菜单中的具体功能按钮如图 203 所示。

图 203　指标比较情况说明文本工具菜单项

1）生成保护工作情况说明文本

本功能主要是生成保护工作情况说明文本。采用主界面菜单方式生成保护工作情况说明文本具体操作步骤为：

（1）点击"自查报告"菜单下"生成生态环境保护工作情况说明"栏中的"生成保护工作情况说明"按钮，系统将开始自动生成工作情况说明文本。若工作情况说明文本以前已生成，则弹出如图 204 所示的提示框，提示用户是否重新生成并替换。

图 204　文件替换提示框

（2）在提示框中，若点击"是"按钮，则删除已有保护工作情况说明文本，重新生成新的指标比较说明文本，并在进度显示框内输出过程日志，如图 205 所示。在生成过程中，可点击"终止"按钮随时终止生成过程，也可勾选"完成后自动关闭本执行进度窗口？"，在完成生成过程后自动关闭该执行进度框。

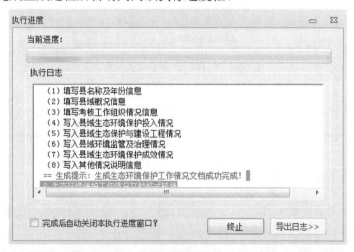

图 205　生态环境保护工作情况说明文本执行进度及日志提示框

（3）生成生态环境保护工作说明文本执行过程结束之后，系统会在数据显示窗口自动显示指标比较说明文本。在图206所示的执行结果框中，可通过"导出日志"按钮以文本文件的形式导出执行日志。

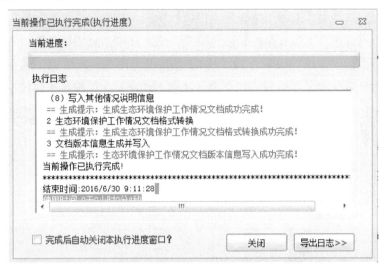

图 206　生成生态环境保护工作情况说明执行结果框

采用界面左侧上报数据列表的右键菜单生成指标比较情况说明文本的具体操作步骤为：

一是在"填报数据列表区"展开"生态环境质量考核自查报告"目录，右键点击"与上年指标比较情况说明"，则弹出如图207所示的右键功能菜单。

图 207　保护工作情况汇总表生成右键菜单

二是在弹出的功能菜单中，点击"生成说明文档"菜单项，系统将开始自动生成指标比较情况说明文本，若说明文档以前已生成，则弹出如图208所示的提示框，提示用户是否重新生成并替换。

图 208　文件替换提示框

剩余操作过程同采用主界面菜单方式生成指标比较情况说明文本操作方法一致。

2）查看保护工作情况说明文本

本功能主要是查看已生成的生态环境保护工作情况说明文本。具体操作步骤为：点击"自查报告"菜单下"生态环境保护工作情况说明"栏中的"查看保护工作情况说明文本"按钮，或者在"填报数据列表区"展开"生态环境质量考核自查报告"目录，点击"生态环境保护工作情况说明"；若保护工作情况说明文本已生成，则在系统的数据显示区内直接显示保护工作情况说明文本，如图 209 所示。否则系统将提示"文件不存在，可能是未生成或是被破坏，请通过右键菜单清除数据后重新导入后再试"的提示框，如图 210 所示。

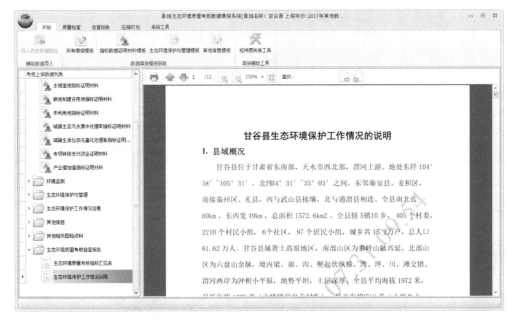

图 209　保护工作情况说明文本查看窗体

图 210　文件不存在或破坏提示框

3）导出保护工作说明文本

本功能主要是将系统生成的生态环境保护工作情况说明文本导出为 Word 文档，以方便用户随时查看或修改。采用主界面菜单方式导出保护工作说明文本的具体操作步骤为：

（1）点击"自查报告"菜单下"生态环境保护工作情况说明文本工具"栏中的"导出保护工作情况说明文本"按钮，弹出文件保存对话框，并提示用户选择并输入报告文本保存路径及文件名，图211为选择了目录并输入文件名的对话框示例。

图 211　保护工作情况说明文本导出路径选择对话框

（2）选择好保存目录并输入文件名后，点击"保存"按钮，则将当前系统内的指标比较情况说明文本导出到用户指定的位置。

采用界面左侧上报数据列表的右键菜单导出保护工作情况说明文本的具体操作步骤为：

一是在"填报数据列表区"展开"生态环境质量考核自查报告"目录，右键点击"生态环境保护工作情况说明"，则弹出如图212所示的右键功能菜单。

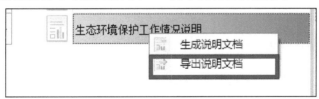

图 212　指标汇总表生成右键菜单

二是在弹出的功能菜单中，点击"导出说明文档"菜单项，系统将弹出文件保存对话框。

剩余操作过程同采用主界面菜单方式导出指标比较情况说明文本操作方法一致。

2.6.7 压缩打包

填报系统的加密打包功能主要是将县域上报数据及生成的报告文档进行文件缺失检查，并生成压缩上报文件，主要包括上报数据打包前预查与填报数据加密打包两个子功能，如图 213 所示。

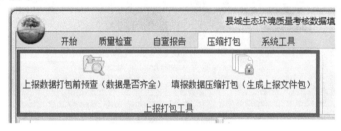

图 213　压缩打包菜单项

2.6.7.1　上报数据打包前预查

上报数据打包前预查是在数据打包上报前对各填报数据进行检查，主要检查上报数据文件目录、自查报告、数据库文件、生态环境质量考核数据指标汇总表、数据副填报表、生态环境质量考核数据指标的证明材料、环境质量监测报告填报是否完整以及数据是否齐全。具体操作步骤为：

（1）点击"压缩打包"菜单下"上报打包工具"栏中的"上报数据打包前预查"按钮，弹出数据打包前检查执行进度对话框，如图 214 所示。在检查过程中，可点击"终止"按钮随时终止检查过程，也可勾选"完成后自动关闭本执行进度窗口？"，在完成检查过程后自动关闭该执行进度框。

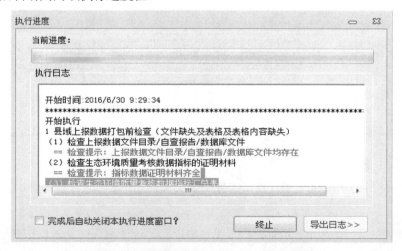

图 214　上报数据打包前预查进度提示框

（2）县域上报数据打包前检查完成之后，可以在执行进度对话框中查看执行日志，如图 215 所示。

图 215　上报数据打包前预查结果框

（3）点击执行进度对话框中的"关闭"按钮，关闭当前执行进行对话框；点击"导出日志"按钮，将执行日志以文本文件的形式导出到本地。

注：数据预查发现的问题并非一定是错误，可根据实际情况判断是否修改。若数据预查发现错误，则需要重新进行数据的导入、修改操作直到数据预查无误为止。

2.6.7.2　填报数据加密打包

数据加密打包是将县域上报数据及生成的相关报告文档加密打包，生成加密压缩包文件（*.crf）以上报至上级主管部门。具体操作步骤如下：

（1）点击"加密打包"菜单下"上报打包工具"栏中的"填报数据加密打包"按钮，弹出上报数据打包前预查确认对话框，如图 216 所示。若未进行数据预查操作，则选择"是"按钮，进行数据预查；若以前进行过数据预查操作且预检成功，则选择"否"按钮，在打包前不重新进行数据预检，直接进行填报数据加密打包操作，弹出填报数据加密打包文件存储目录选择对话框，如图 217 所示。

图 216　上报预检操作执行确认框

图 217　填报数据加密打包文件存储目录选择对话框

（2）在文件存储目录选择对话框中选择打包文件的存储目录，并点击"确定"按钮，则进入数据加密打包执行进度对话框，如图 218 所示。

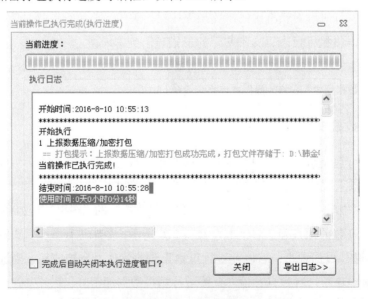

图 218　数据加密打包执行进度对话框

（3）填报数据加密打包操作执行完成后，上报数据加密打包文件存储到用户选择的文件存储目录下。点击填报数据加密打包执行对话框中的"关闭"按钮，则关闭当前执行对话框；选择"导出日志"按钮，将数据加密打包执行日志以文本文件的形式导出到本地。

2.6.8　系统工具

系统工具菜单项提供了两类功能，一是切换系统界面风格；二是数据管理工具，如图219所示。切换系统界面风格是改变系统主界面的运行风格，包括颜色、界面样式等。数据管理工具是实现对当前系统中填报数据的备份和恢复。

图219　系统工具菜单项

2.6.8.1　系统常用界面风格

系统默认的界面风格为 Office 2010 蓝色风格，用户可以根据自己的喜好来切换不同的界面风格。系统提供了常用的两种界面风格（Office 2010 蓝色和 Office 2010 银色），若需要切换至该界面风格，直接点击"系统工具"菜单下"常用界面风格"栏内的相应的界面风格按钮即可。另外，系统还提供了一些不常用的界面风格，其切换操作步骤如下：

（1）点击"系统工具"菜单下"常用界面风格"栏右下角的下拉按钮，如图220红框内所示。

图220　展开更多界面风格按钮

（2）系统将弹出所有可供使用的界面风格列表，如图221所示。

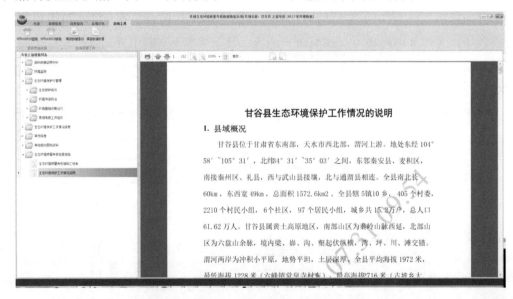

图221 更多界面风格列表

（3）在弹出的界面风格选择下拉框内，双击将要切换至的列表项，则将系统主界面风格切换至该风格。图222为切换为"VS2010"风格后的系统主界面。

图222 VS2010风格样式

2.6.8.2 数据管理工具

数据管理工具主要是实现系统内已有县域上报数据的备份和恢复，以防操作系统崩溃时导致数据丢失。

1）填报数据备份

建议用户每天做完数据导入或审核操作后，将数据进行一次备份。数据备份操作步骤为：

（1）点击"系统工具"菜单下"数据管理工具"栏内的"填报数据备份"按钮，系统将弹出如图223所示的文件保存路径选择对话框。

图223 数据备份文件保存路径选择对话框

（2）在文件保存路径选择对话框中，选中备份文件将存储的目录，在文件名框内输入备份文件名（建议以当前日期为文件名，如：20160701为2016年7月1日的备份文件），并点击"保存"按钮，系统将对当前系统中的数据进行备份，备份文件的扩展名为eco。

（3）备份完成后，系统将弹出如图224所示的提示框，提示用户备份已成功完成，以及备份文件保存的路径。

图224 备份完成提示框

2）填报数据恢复

当操作系统或是本系统发生崩溃或是无法进入时，可重新安装或是对系统进行初始化操作后，将备份数据恢复至系统数据库中，数据恢复操作的步骤如下：

（1）点击"系统工具"菜单下"数据管理工具"栏内的"填报数据恢复"按钮，系统将弹出如图225所示的文件选择对话框。

图 225　备份文件选择对话框

（2）在文件选择对话框中，选中最近时间的备份文件并点击"打开"按钮，系统将弹出如图226所示的提示框，提示用户是否确实要清除系统中已有数据，并将备份文件中的数据恢复至系统中。

图 226　数据覆盖提示框

（3）在提示框中，点击"是"按钮，则将清除已有数据，并将备份数据导入系统中；点击"否"按钮，则退出恢复操作，系统将保留原有数据，并返回系统主界面。

（4）数据恢复完成后，系统将弹出如图227所示的提示框，提示数据恢复完成，并可通过"数据上报列表"进行查看。

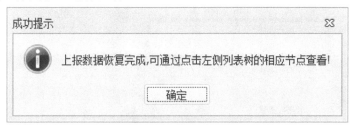

图 227　数据恢复完成提示框

2.6.9　系统菜单

系统菜单位于功能菜单区左上角的系统图标处,通过点击图标来弹出菜单,如图 228 所示。该菜单中提供基本情况、帮助文档、版权信息和退出系统功能。

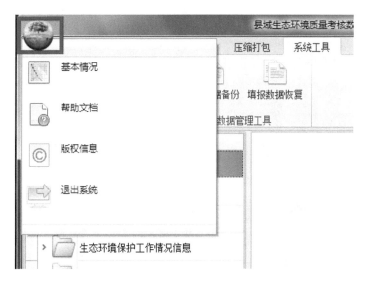

图 228　系统菜单

2.6.9.1　基本情况

显示填报系统中当前县域的基本信息,主要操作步骤为:

(1)在系统主界面中,左键点击左上角的系统图标,则弹出系统菜单,如图 229 所示。

县域生态环境质量考核
压缩打包
系统工具
基本情况
帮助文档
版权信息
退出系统
据备份
填报数据恢复
数据管理工具
生态环境保护工作情况信息
其他相关图档资料

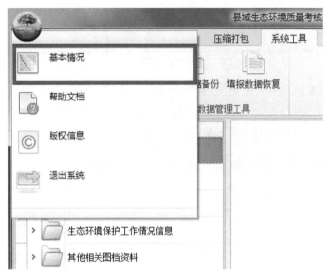

图 229　基本情况系统菜单

（2）在弹出的菜单中，点击“基本情况”菜单项，系统弹出如图 230 所示的当前县域基本信息框。

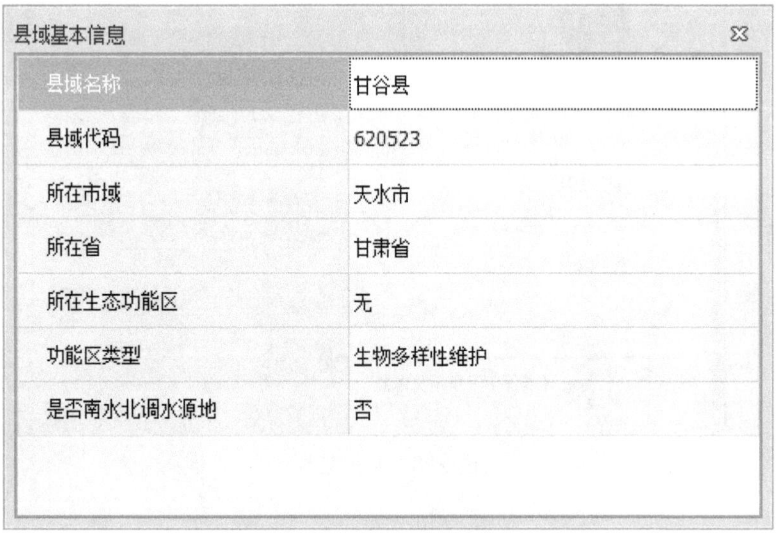
县域基本信息
县域名称
甘谷县
县域代码
620523
所在市域
天水市
所在省
甘肃省
所在生态功能区
无
功能区类型
生物多样性维护
是否南水北调水源地
否

图 230　县域基本情况查看窗口

2.6.9.2　帮助文档

该功能是打开并以主题的方式显示系统帮助文档，具体的操作步骤为：

（1）在系统主界面中，左键点击左上角的系统图标，则弹出系统菜单，如图 231 所示。

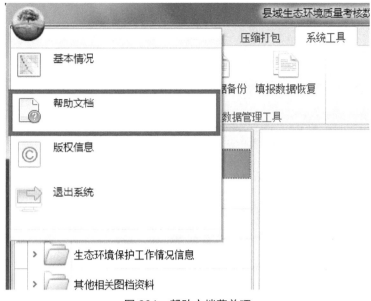

图 231　帮助文档菜单项

（2）在弹出的菜单中，点击"帮助文档"菜单项，系统弹出如图 232 所示的系统帮助文档。

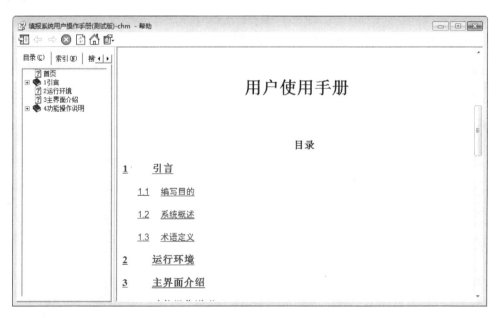

图 232　系统帮助界面

（3）在帮助文档界面，用户可浏览系统帮助文档，并可通过主题查找以及关键字查找的方式快速定位至所关心的文档部分。

2.6.9.3 版权信息

该功能是显示系统版权及版本信息，操作步骤为：

（1）在系统主界面中，左键点击左上角的系统图标，则弹出系统菜单，如图 233 所示。

图 233 版权信息菜单项

（2）在弹出的菜单中，点击"版本信息"菜单项，系统弹出系统版权信息，用户可以查看系统相关的版权信息，包括系统名称、版本号、开发单位以及使用单位等。

2.6.9.4 退出系统

通过该菜单项退出系统，也可通过系统主界面右上角的关闭按钮，如图 234 所示来退出系统。当系统中有正在运行的操作，如：质量检查、数据审核等，则系统的关闭按钮不可用，只能通过本退出系统按钮来退出系统。

图 234 系统关闭按钮

退出系统功能操作步骤如下：

（1）在系统主界面中，左键点击左上角的系统图标，则弹出如图 235 所示的系统菜单。

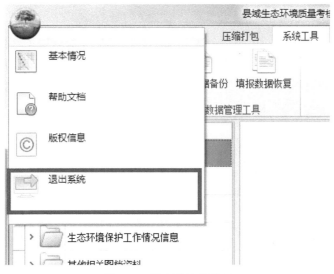

图 235 退出系统菜单项

（2）在弹出的菜单中，点击"退出系统"菜单项，若当前系统中没有正在运行的操作，则系统直接退出。否则系统将弹出如图 236 所示的提示框，提示用户是否强制退出。

图 236 是否强制退出系统提示框

（3）若要强制退出，则点击"是"按钮，系统将强行关闭正在进行的操作，并退出系统；点击"否"按钮，则系统返回，不退出系统。

第 3 章
市级数据审核软件使用手册

本部分描述了系统的运行环境、系统基本功能介绍、系统常规操作流程以及各功能模块的具体操作指南，辅助使用人员从整体和具体功能上掌握系统的运行操作。

本审核系统是面向市级数据审核人员，通过数据导入、数据查看、质量检查等功能模块，辅助市级主管部门用户完成考核县域填报数据的查看、汇总、检查等工作。

3.1 系统运行环境

本软件系统为单机版软件系统，可运行于独立的台式计算机或笔记本上，运行期间不需要网络的支持。本软件系统运行的软硬件环境不得低于以下配置，软件环境的支撑和辅助软件为必选项，否则无法正常运行，见表 47。

表 47 系统运行环境

	设备	指标详细信息
硬件环境	计算机	台式机/笔机本/工作站
	CPU	2.0 GHz 以上
	内存	500 M 以上
	可用硬盘空间	5 GB 以上
软件环境	操作系统	Windows XP/2003/7，支持 64 位操作系统
	支撑控件	MicroSoft .NET Framework 4.0（自动安装）
	辅助软件	MicroSoft Office2007（需含 Excel，Word） Adobe Reader7.0 以上

3.2 系统安装说明

本操作说明将不对 Microsoft Office 2007 或 Microsoft Office 2010 的安装进行详细说明，其安装方法请参见其相关说明文档。以下为"审核系统"的详细安装说明：

（1）双击运行安装包光盘中"县域生态环境质量考核数据审核系统\setup.exe"，如图 237 所示，系统开始安装。

图 237　系统安装目录

（2）若机器以前没有安装 Microsoft .NET Framework 4.0，安装程序会自动弹出提示安装 Microsoft .NET Framework 4.0 界面，如图 238 所示。

图 238　Microsoft .NET Framework 4.0 安装提示框

（3）点击"接受"按钮，将进入 Microsoft .NET Framework 4.0 的安装文件复制步骤，复制安装文件所需时间根据不同机器环境需要 1～5 分钟，请耐心等候，在等候期间尽量不要进行其他操作。若点击"不接受"按钮，则退出安装，系统将提示安装未完成。

（4）文件复制完成后，进入 Microsoft .NET Framework 4.0 的正式安装界面，如图 239 所示。

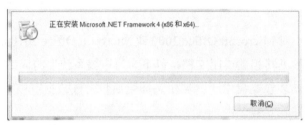

图 239　Microsoft .NET Framework 4.0 安装界面

（5）在安装过程中，需安装 Microsoft .NET Framework 4.0 的汉化包，在安装此插件前有可能（根据不同操作系统及系统安全级别设置）出现如图 240 所示的安全警告。若出现此警告，点击"运行"按钮则继续进入如图 241 所示的 Microsoft .NET Framework 4.0 的安装进度界面。

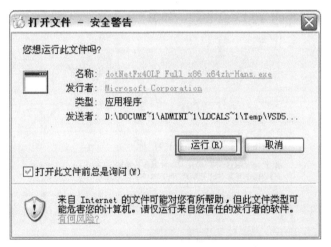

图 240　安全警告提示框

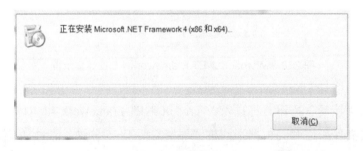

图 241　Microsoft .NET Framework 4.0 安装进度界面

（6）Microsoft .NET Framework 4.0 安装完成后（安装过程根据不同机器环境需要 3～10 分钟），将自动进入"审核系统"软件的安装欢迎界面，如图 242 所示。在该界面中会有"审核系统"的简介、安装要求以及版本中明等信息。

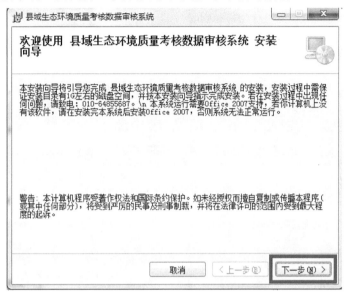

图 242　"审核系统"安装欢迎界面

（7）点击"下一步"按钮，进入选择安装文件夹界面，如图 243 所示，该界面中已对安装文件夹及使用人进行了初始化，若不需要修改，可直接点击"下一步"进行确认安装界面。

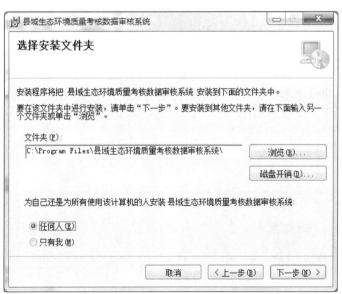

图 243　选择安装文件夹界面

在选择安装文件夹界面中，可以根据磁盘空间情况来决定程序安装的文件夹，可采用默认的文件夹（Program Files 文件夹下），或是直接在文件夹框中，如图 244 红框内输入程序将安装到的文件夹，或是点击"浏览"按钮来修改安装目标文件夹。

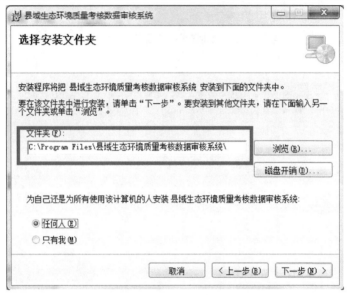

图 244　选择安装文件夹界面

通过图 245 红框内的选择按钮选择"审核系统"是为自己还是所有使用本计算机的人使用。若只有安装用户能使用本系统，则选择"只有我"，若任何使用本计算机的人都可使用本系统，则选择"任何人"。

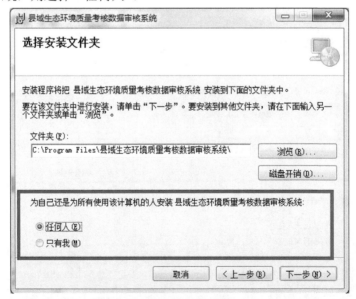

图 245　选择安装文件夹界面

（8）在设置好安装文件夹和使用人后，点击"下一步"按钮，则进入系统确认安装界面，如图 246 所示。

图 246　系统确认安装界面

（9）若确认安装，则点击"下一步"进入系统安装进度界面，如图 247 所示；若需要修改安装设置，点击"上一步"按钮，则返回上一步进行安装文件夹等的修改；若想取消本次安装，点击"取消"按钮，则将退出安装，并提示安装未完成。

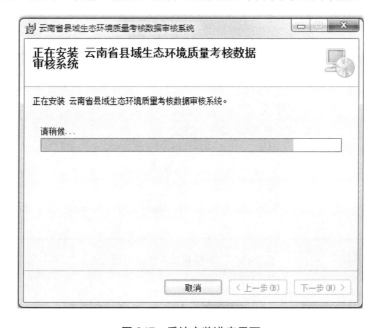

图 247　系统安装进度界面

（10）耐心等待系统安装，该过程根据不同性能的机器约需要 1～3 分钟。安装完成后，将弹出如图 248 所示的"审核系统"验证界面。

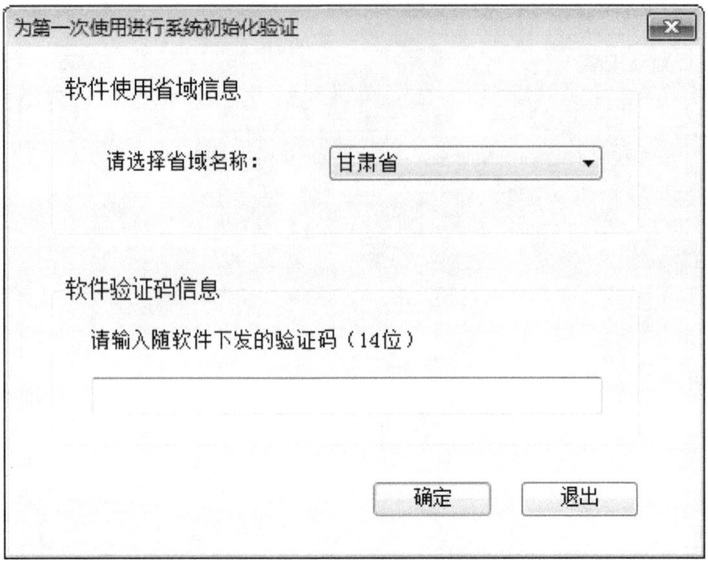

图 248 "审核系统"验证界面

（11）输入软件的验证码，请按顺序输入 14 位验证码，输入后的界面如图 249 所示。

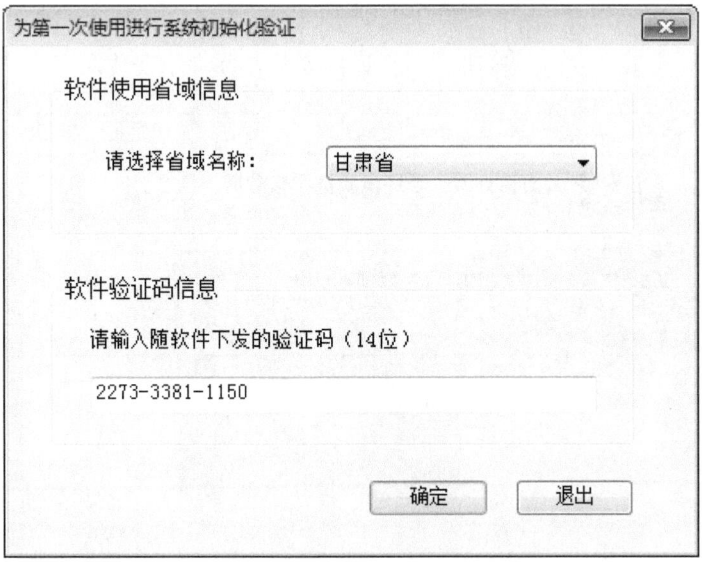

图 249 "审核系统"验证界面

（12）验证码输入完整后，点击"确定"按钮，若验证码正确，则弹出如图 250 所示提示框，提示验证成功，并给出系统初始登录密码。该密码需牢记，并在系统第一次使用登录时进行修改。

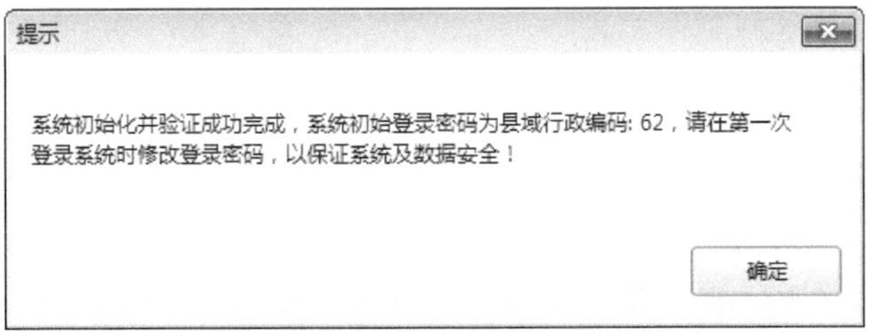

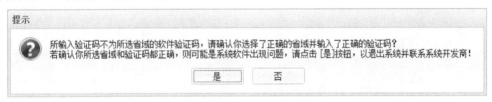

图 250 验证成功提示框

若验证码输入错误，则弹出如图 251 所示验证错误提示框。若确认所输验证码为下发的验证码并选择了正确的市域，则点击"是"按钮，退出系统安装，并联系系统开发商确认验证码信息。若要进行重新验证，则点击"否"按钮重新输入验证码。

图 251 验证错误提示框

（13）若系统验证成功，则进入系统安装完成界面，如图 252 所示。

图 252 系统安装完成界面

（14）点击系统安装完成界面中的"关闭"按钮，结束系统安装。

3.3　系统主界面说明

3.3.1　监测数据系统主界面说明

本系统主界面采用目前最流行的 Windows Ribbon 风格（类似 Word 2007），整个主界面分为功能菜单区、县域填报数据目录区和数据显示区三个区，如图 253 所示。

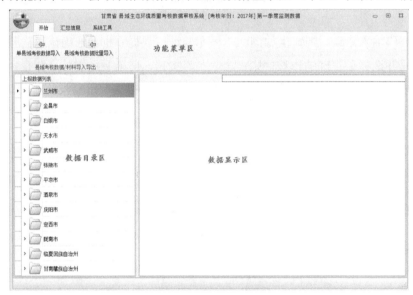

图 253　系统主界面

（1）功能菜单区

系统功能菜单区位于系统主界面的上方，系统主要通过该功能菜单区的功能按钮来完成县域填报数据导入/汇总、县域填报数据查看、备份、恢复等功能。本系统的功能按钮根据功能分类分布于菜单面板和系统菜单中，这 3 个面板为：开始、汇总信息及系统工具。系统功能与各菜单面板间的对应关系见表 48。

表 48　菜单区系统功能

序号	菜单名称	系统功能
1	开始	县域填报数据导入
2	汇总信息	县域汇总信息浏览查看
3	系统工具	系统界面风格切换、数据备份、恢复

菜单面板间通过其上方菜单项的点击来切换，如图254所示。

图254　功能菜单切换区

菜单面板在系统运行过程中一般都一直显示，但有时为了扩大数据显示区，可通过双击菜单项实现菜单面板隐现，菜单面板隐藏后的界面如图255所示。

图255　菜单隐藏后的功能菜单区

系统菜单位于功能菜单区左上角的系统图标处，通过点击图标来弹出菜单。该菜单中提供系统帮助、系统的版本信息和退出系统功能，如图256所示。

图256　系统菜单

（2）县域填报数据目录区

县域填报数据目录区位于系统主界面的左侧，以目录树的方式，按市->县->县域填报数目录的结构对各县域的填报数据进行组织。初始状态下，目录树中一级节点为市域内的考核县域名称，二级节点则为县域填报数据目录，如图257所示。

系统将通过点击该目录树来实现县域填报数据的浏览，其操作方式与Windows的目录操作完全相同，只需逐级打开目录至末级节点，即为具体数据对应的文件或表格，点击即可在数据显示区以文档或表格的方式显示相应数据。

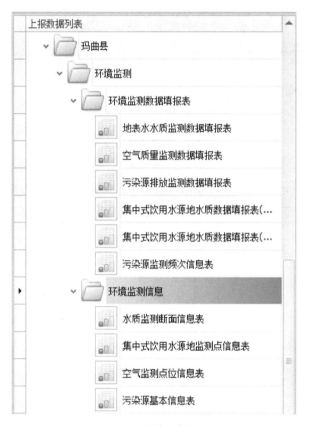

图 257　县域填报数据目录

县域填报数据目录下则为各填报数据，具体按照数据填报要求进行组织，图 258 为环境状况监测数据填报表目录下的节点信息。

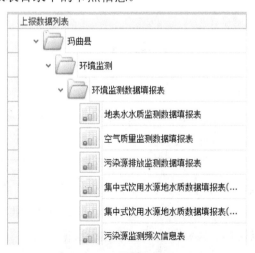

图 258　证明材料组织

县域填报数据目录区的县域名称节点有针对县域数据的操作的右键功能菜单，可通过右键点击县域名称节点显示，右键菜单如图 259 所示，包括：导入上报数据、清除上报数据以及县域基本信息三个菜单项。

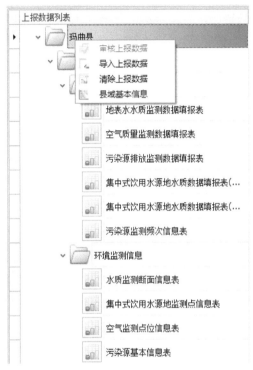

图 259　县域节点右键菜单

图 259 显示的为已有数据导入的县域的右键菜单，若所点击县域没有导入数据，则只显示导入上报数据和县域基本信息两个菜单项。

（3）数据显示区

数据显示区主要是显示填报数据目录区所选中数据节点对应的表格内容，图为数据库表格类数据的显示样式，在表格类显示窗口，可实现数据表的排序（双击排序列即可）、翻页（通过表格下方的功能区，图 260 红框内所示）等功能。

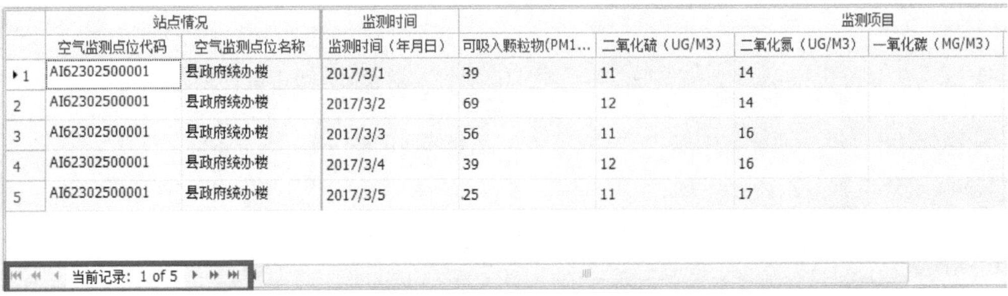

站点情况		监测时间	监测项目			
空气监测点位代码	空气监测点位名称	监测时间（年月日）	可吸入颗粒物（PM1...	二氧化硫（UG/M3）	二氧化氮（UG/M3）	一氧化碳（MG/M3）
▶1　AI62302500001	县政府统办楼	2017/3/1	39	11	14	
2　AI62302500001	县政府统办楼	2017/3/2	69	12	14	
3　AI62302500001	县政府统办楼	2017/3/3	56	11	16	
4　AI62302500001	县政府统办楼	2017/3/4	39	12	16	
5　AI62302500001	县政府统办楼	2017/3/5	25	11	17	

当前记录：1 of 5

图 260　表格类显示样式

3.3.2　其他数据系统主界面说明

本系统主界面采用目前最流行的 Windows Ribbon 风格（类似 Word 2007），整个主界面分为功能菜单区、县域填报数据目录区和数据显示区三个区，如图 261 所示。

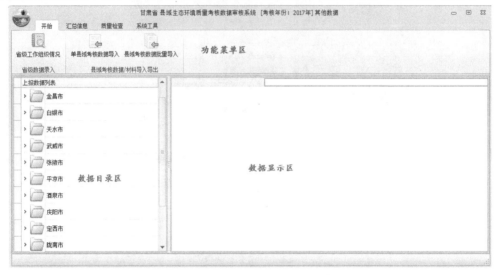

图 261　系统主界面

（1）功能菜单区

系统功能菜单区位于系统主界面的上方，系统主要通过该功能菜单区的功能按钮来完成县域填报数据导入/汇总、质量检查、系统工具等功能。本系统的功能按钮根据功能分类分布于菜单面板和系统菜单中，面板为：开始、汇总信息、质量检查及系统工具。系统功能与各菜单面板间的对应关系如表 49 所示。

表 49　菜单区系统功能

序号	菜单名称	系统功能
1	开始	县域填报数据导入
2	汇总信息	县域汇总信息浏览查看
3	质量检查	县域填报数据质量检查及检查工具
4	系统工具	系统界面风格切换、数据备份、恢复

菜单面板间通过其上方的菜单项的点击来切换，如图 262 所示。

图 262　功能菜单切换区

菜单面板在系统运行过程中一般一直显示，但有时为了扩大数据显示区，可通过双击菜单项实现菜单面板隐现，菜单面板隐藏后的界面如图 263 所示。

图 263　菜单隐藏后的功能菜单区

系统菜单位于功能菜单区左上角的系统图标处，通过点击图标来弹出菜单，如图 264 所示。该菜单中提供系统帮助、系统的版本信息和退出系统功能。

图 264　系统菜单

（2）县域填报数据目录区

县域填报数据目录区位于系统主界面的左侧，以目录树的方式，按市→县→县域填报数目录的结构对各县域的填报数据进行组织。初始状态下，目录树中一级节点为市域内的考核县域名称，二级节点则为县域填报数据目录，如图 265 所示。

系统将通过点击该目录树来实现县域填报数据的浏览，其操作方式与 Windows 的目录操作完全相同，只需逐级打开目录至末级节点，即为具体数据对应的文件或表格，点击即可在数据显示区以文档或表格的方式显示相应数据。

图 265　县域填报数据目录

县域填报数据目录下则为各填报数据，具体按照数据填报要求进行组织，图 266 为指标证明材料目录下的节点信息。

图 266　证明材料组织

县域填报数据目录区的县域名称节点有针对县域数据的操作的右键功能菜单，可通过右键点击县域名称节点显示，右键菜单如图 267 所示，包括审核上报数据、导入上报数据、清除上报数据以及县域基本信息四个菜单项。

图 267 显示的为已有数据导入的县域的右键菜单，若所点击县域没有导入数据，则只显示导入上报数据和县域基本信息两个菜单项。

图267 县域节点右键菜单

（3）数据显示区

数据显示区主要是显示填报数据目录区所选中数据节点对应的文档或表格内容。不同数据内容，其显示样式各不相同。

图268为文档类数据的显示样式，在文档类显示窗口，可实现文档的打印、换页和显示比例等操作。

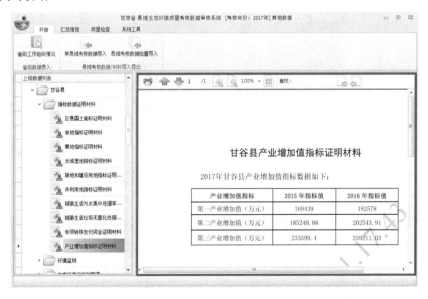

图268 文档类显示样式

图 269 为数据库表格类数据的显示样式，在表格类显示窗口，可实现数据表的排序（双击排序列即可）、翻页（通过表格下方的功能区，图 269 红框内所示）等功能。

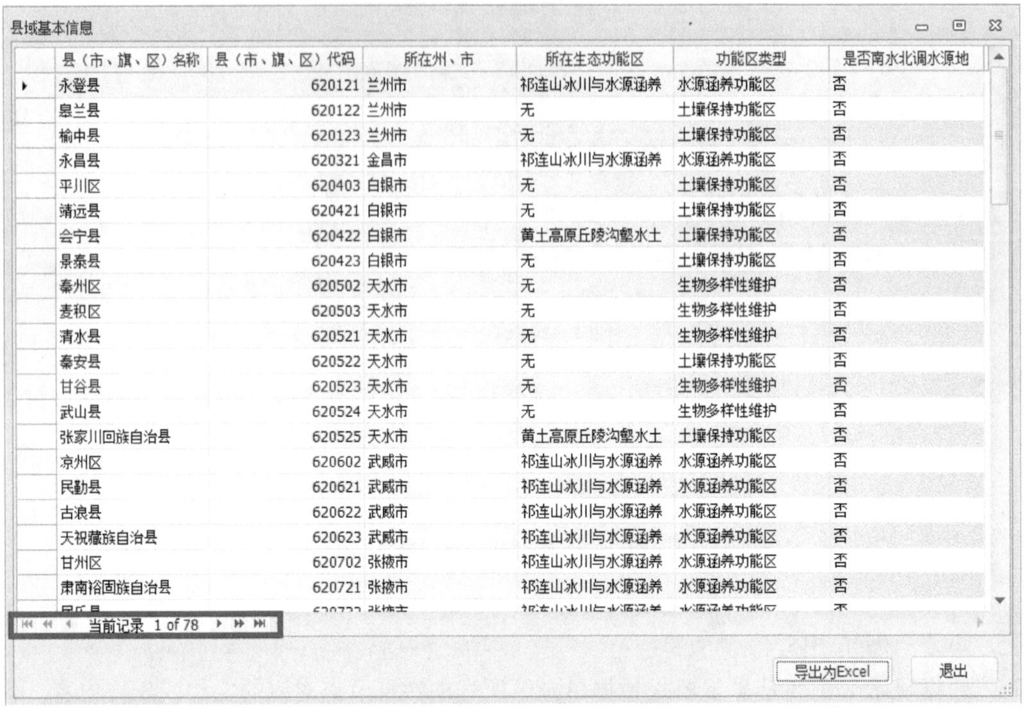

县（市、旗、区）名称	县（市、旗、区）代码	所在州、市	所在生态功能区	功能区类型	是否南水北调水源地
永登县	620121	兰州市	祁连山冰川与水源涵养	水源涵养功能区	否
皋兰县	620122	兰州市	无	土壤保持功能区	否
榆中县	620123	兰州市	无	土壤保持功能区	否
永昌县	620321	金昌市	祁连山冰川与水源涵养	水源涵养功能区	否
平川区	620403	白银市	无	土壤保持功能区	否
靖远县	620421	白银市	无	土壤保持功能区	否
会宁县	620422	白银市	黄土高原丘陵沟壑水土	土壤保持功能区	否
景泰县	620423	白银市	无	土壤保持功能区	否
秦州区	620502	天水市	无	生物多样性保护	否
麦积区	620503	天水市	无	生物多样性保护	否
清水县	620521	天水市	无	生物多样性保护	否
秦安县	620522	天水市	无	土壤保持功能区	否
甘谷县	620523	天水市	无	生物多样性保护	否
武山县	620524	天水市	无	生物多样性保护	否
张家川回族自治县	620525	天水市	黄土高原丘陵沟壑水土	土壤保持功能区	否
凉州区	620602	武威市	祁连山冰川与水源涵养	水源涵养功能区	否
民勤县	620621	武威市	祁连山冰川与水源涵养	水源涵养功能区	否
古浪县	620622	武威市	祁连山冰川与水源涵养	水源涵养功能区	否
天祝藏族自治县	620623	武威市	祁连山冰川与水源涵养	水源涵养功能区	否
甘州区	620702	张掖市	祁连山冰川与水源涵养	水源涵养功能区	否
肃南裕固族自治县	620721	张掖市	祁连山冰川与水源涵养	水源涵养功能区	否

当前记录 1 of 78

导出为Excel　　退出

图 269　表格类显示样式

图 270 为照片显示样式。

图 270　照片显示样式

3.4　系统功能操作说明

3.4.1　监测数据系统功能操作说明

功能菜单区的功能菜单和县域填报数据列表区的右键菜单是本系统的主要功能入口，本章将详细说明菜单功能区功能菜单和县域填报数据列表区右键菜单的功能操作。

本章的功能操作说明将按系统功能菜单区的菜单面板来分类详述，不以用户的操作流程及业务习惯来介绍说明。

3.4.1.1　系统登录及初始化

若用户在计算机上对"审核系统"进行了安装，则用户计算机系统桌面上、计算机系统开始菜单中将产生"数据审核系统"的快捷方式，如图271所示。若用户未安装，则参照《重点生态功能区县域生态环境质量考核数据审核系统安装手册》来完成系统软件的安装，并进入系统初始化及登录界面工作。系统运行及登录的具体步骤包括系统初始化验证、修改登入密码及登录系统三部分。

图271　"数据审核系统"桌面及开始菜单快捷方式

1）系统初始化验证

双击桌面上的"数据审核系统"快捷方式或者点击计算机操作系统开始菜单中的"数据审核系统"，则开始运行系统。若在系统安装完成后没有进行系统验证或是验证未成功，则需先进行系统验证，验证步骤如下：

运行系统时，系统弹出如图 272 所示的界面提示是否验证：

提示
该软件的验证码信息不存在，您可能是第一次使用本系统或是验证码信息被破坏。
为保证你安全正确的使用本系统软件，您需输入验证码并验证后才能使用，是否现在进行验证？
是
否

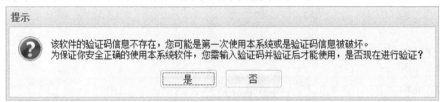

图 272　系统未验证提示

在提示框中，点击“是”按钮，则进入如图 273 所示的系统验证界面；点击“否”按钮，则提示系统未验证，并退出系统登录。

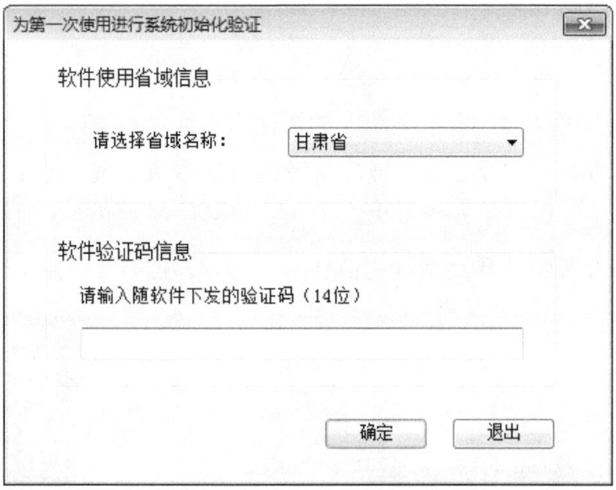

为第一次使用进行系统初始化验证
软件使用省域信息
请选择省域名称：
甘肃省
软件验证码信息
请输入随软件下发的验证码（14位）
确定
退出

图 273　系统验证界面

在系统验证界面中，如图 273 所示，输入随软件下发的 14 位验证码，若点击“验证”按钮。若所选市域正确且验证码正确，则显示如图 274 所示的验证正确提示信息。若点击“退出”按钮，则退出验证，系统将提示系统没有验证，并提示退出系统。

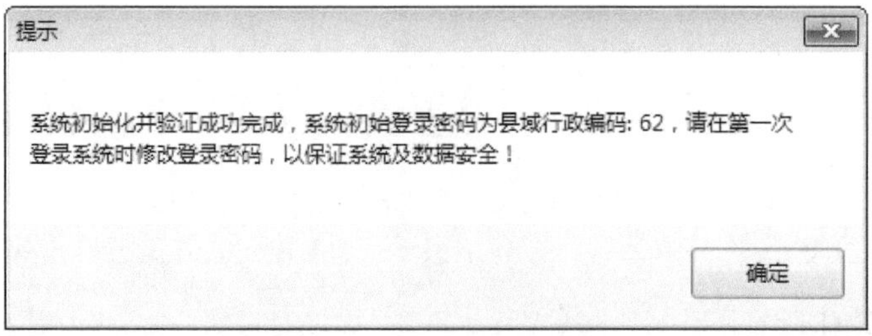

提示
系统初始化并验证成功完成，系统初始登录密码为县域行政编码: 62，请在第一次
登录系统时修改登录密码，以保证系统及数据安全！
确定

图 274　验证成功提示

点击提示框的"确定"按钮，则进入系统登录界面。

注：软件验证码随安装光盘一起下发，一般贴于光盘封面上，若没有或是丢失，请联系系统开发商获取新的验证码。

2）修改登录密码

系统初始化时，将系统的登录密码设为省的两位行政编码。为保证数据及系统安全，建议在第一次使用系统时修改登录密码。步骤如下：

在系统初始化验证成功后，会弹出如图275所示的登录框。

图 275　修改密码

点击"修改密码"按钮，则弹出如图276所示的修改登录密码。

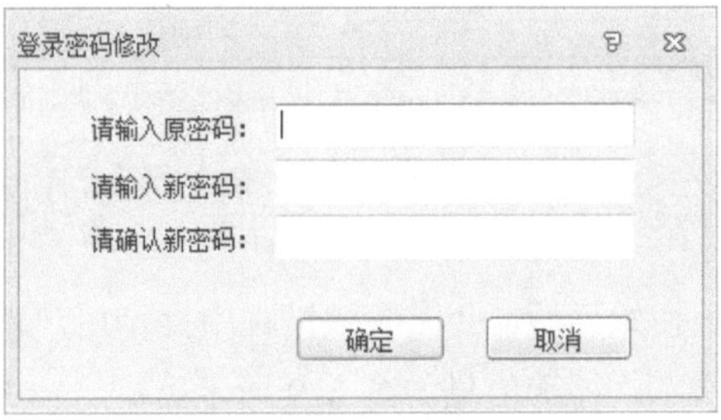

图 276　登录密码修改

在第一个框中输入原密码，第一次登录时为省代码，以后再修改时为用户修改过的密码。在第二个框中输入新的密码（密码建议由数字和字母组合而成），然后在第三个框中重新输入新密码，以确认新密码没有输错。

输入完成后，点击"确定"按钮，若原密码没有输错，且新密码与确认密码相同，则弹出如图 277 所示的修改密码成功提示框；否则提示原密码错误或是新密码与确认密码不匹配错误。

图 277　密码修改成功提示框

3）初始化上报数据库

首先选择审核数据的季度（若又要审核其他季度的数据只需选择不同的季度即可），输入密码，之后点击"登录"按钮，则开始登录系统，如图 278 所示。

图 278　系统登录

系统第一次登录或是初始化后，会在登录过程中提示用户市级数据库不存在，并引导用户生成市级上报数据库，提示信息如图 279 所示。

图 279　设置市级上报数据库提示框

点击"确定"按钮，则设置上报数据库并登录系统。点击"取消"按钮，则无法登录并将退出登录过程。

4）登录系统

设置市级上报数据库成功后，系统将继续登录，登录过程中的界面如图 280 所示。提示信息提示系统登录状态。

图 280　登录状态提示

登录完成后，进入如图 281 所示的系统主界面，系统初始化及登录完成。

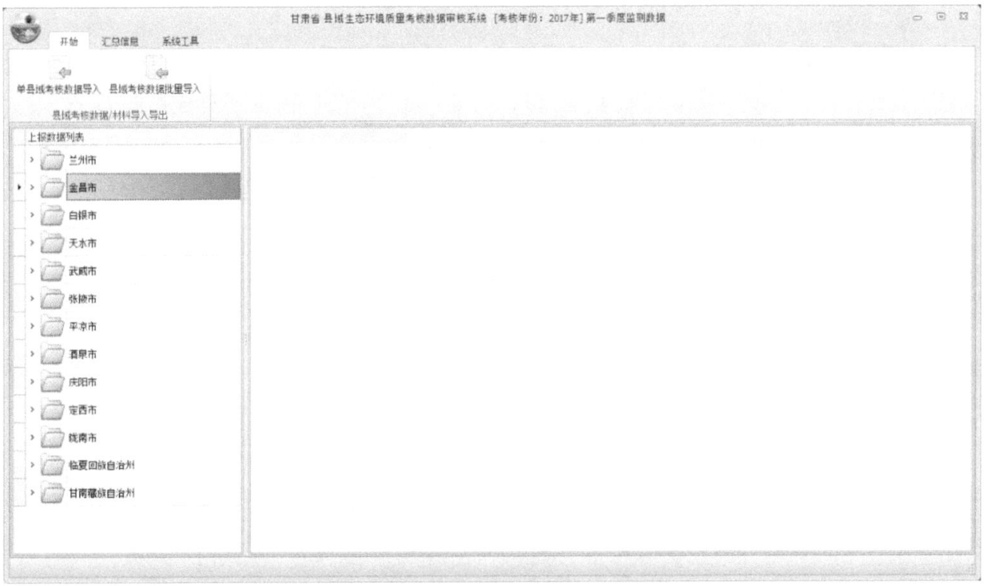

图 281　系统主界面

3.4.1.2　开始菜单

开始菜单面板中的功能主要是实现县域填报数据的导入，如图 282 所示。

图 282　开始功能菜单面板

县域考核数据导入包括：单县域考核数据导入、多县域考核数据导入两个功能，通过系统主界面中的"单县域考核导入"和"县域考核数据批量导入"两个功能按钮，如图 283 所示来实现。

图 283　县域数据导入功能按钮

单县域考核数据导入是针对目前上报县域较少，将县域上报数据包一个县域一个县域的导入。多县域考核数据导入功能一般是在已有较多县域上报考核数据包的情况下使用，可一次性导入多个县域填报数据。

单县域具体操作步骤如下：

点击"开始"菜单"县域考核数据/材料导入"栏内的"单县域考核数据导入"按钮系统将弹出如图 284 所示的"单县域数据导入"界面。

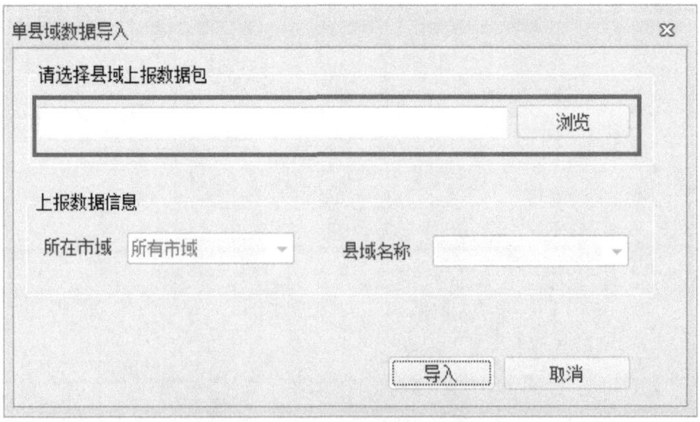

图 284　上报数据包选择界面

在"单县域数据导入"界面中，点击选择县域上报数据包的"浏览"，则弹出数据包文件选取对话框，如图 285 所示。

图 285　数据包选择对话框

在文件选择对话框中，选中需要导入的县域上报文件包[文件名格式为：年份（4位）-县名称-县代码（6 位数字）-季度监测数据.crf，如：2017-玛曲县-623025-第一季度监测数据.crf]，点击"打开"按钮，则该文件将选择至县域上报数据包下的文本框内，同时系统将根据文件名，在上报数据信息中显示该数据包的上报县域所在市域及县域名称，如图 286 所示。

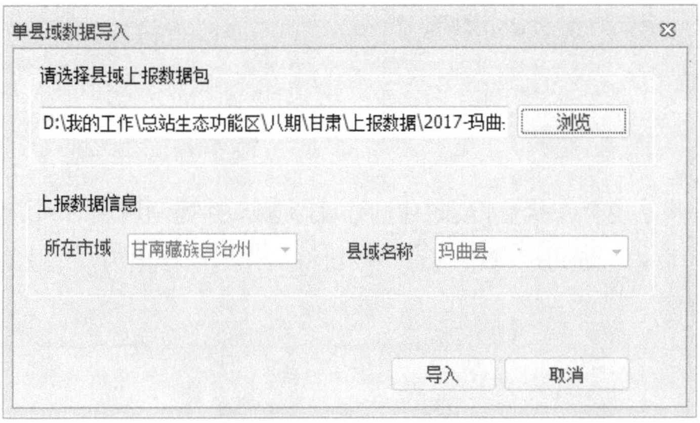

图 286　选择数据包后的界面

在"单县域数据导入"界面中，点击"导入"按钮，若该县域数据以前已导入，则弹出如图287所示的提示框，提示用户是否重新导入。

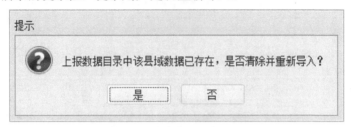

图 287 是否重新导入提示框

在提示框中，点击"是"按钮，则弹出数据导入进度界面，如图288所示，在导入过程中，将显示导入步骤、进度以及导入状态日志。在导入过程中，可随时点击"终止"按钮终止导入过程，也可勾选"完成后自动关闭本执行进度窗口？"，在完成导入过程后自动关闭该导入进度框。

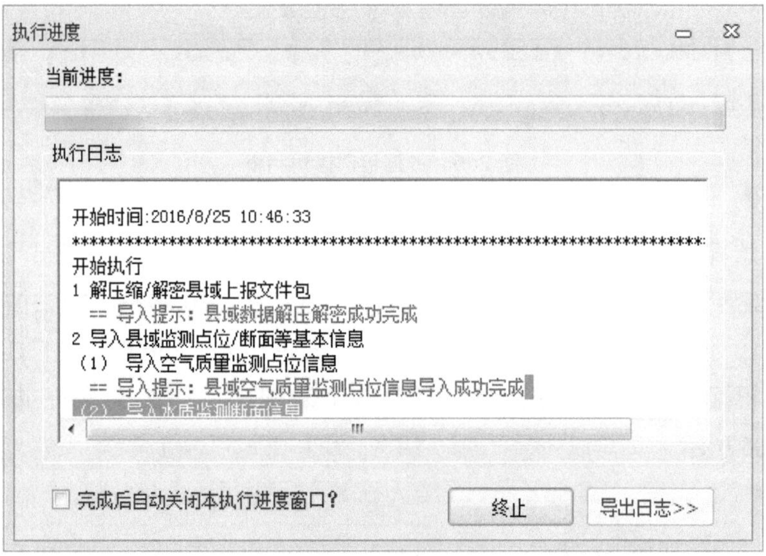

图 288 导入过程

导入完成后，系统会在执行日志中提示执行完成，并提示所用时间等信息，如图289所示。导入结束后，可通过"导出日志"按钮将执行日志导出为文本文件（*.txt）以进行进一步的分析。

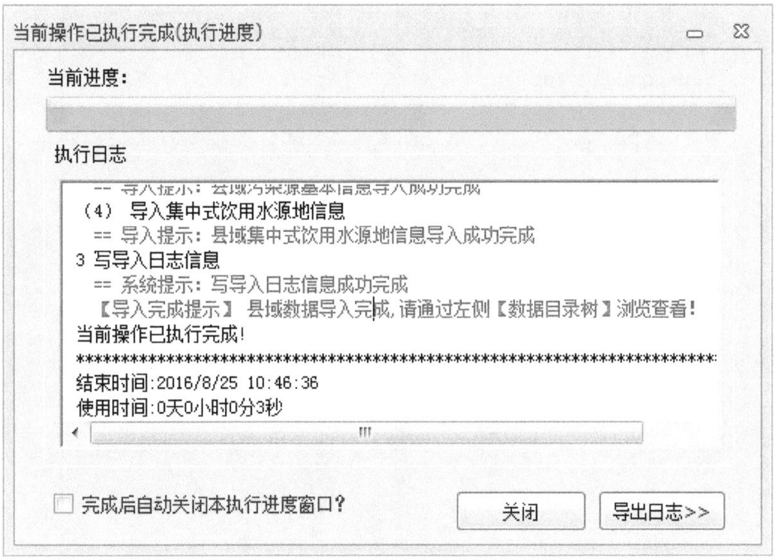

图 289　导入完成

导入完成后，在左侧数据目录树中对应的县节点下将加入该县导入的数据目录列表，可通过点击相应的文件或表节点查看该县域的填报数据。

多县域考核数据导入具体操作步骤如下：

点击"开始"菜单"县域考核数据/材料导入"栏内"县域考核数据批量导入"按钮，系统将弹出如图 290 所示的"县域上报数据批量导入"界面。

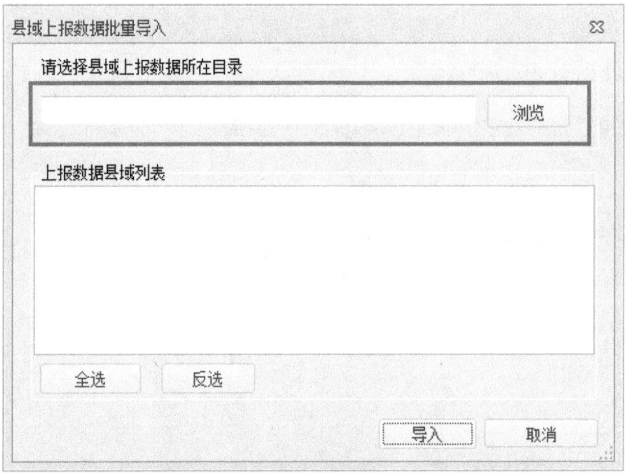

图 290　上报数据包目录选取

在"县域上报数据批量导入"界面中，点击选择县域上报数据所在目录下的"浏览"按钮，则弹出文件目录选取对话框，如图 291 所示。

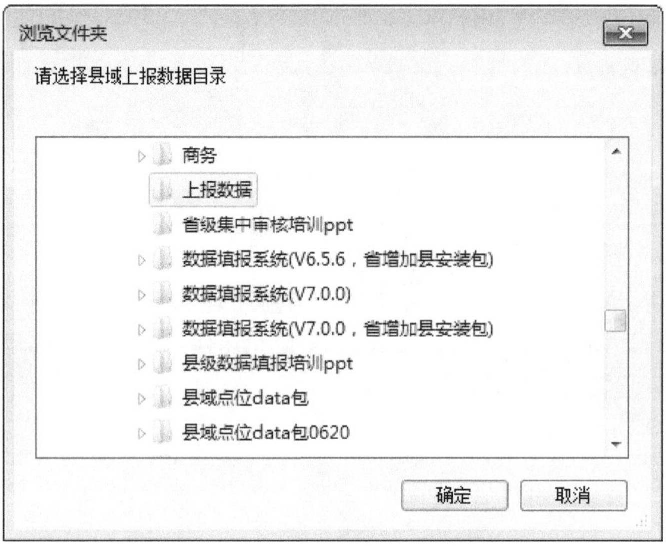

图291　上报数据目录选择对话框

在文件目录选择对话框中，选中县域上报数据包文件所在的目录（需将各县域上报数据包拷贝至该目录），点击"确定"按钮，则该文件目录名将显示于县域上报数据目录的文本框内，同时将该目录所有上报数据包文件对应的县域名称及编码列于"上报数据县域列表"框内（注意：若目录内包含的上报数据包不为考核年份或季度的，则不列于此框中），如图292所示。

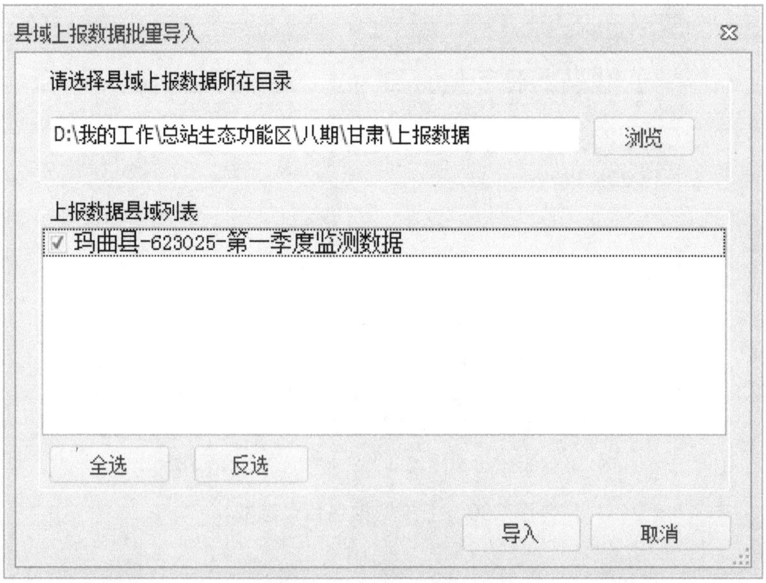

图292　导入县域选择

在"县域上报数据批量导入"界面的上报数据县域列表中，通过各县域名称前面的复选框来选择是否导入该县域数据，若导入，则选中，否则不选中（默认为全选中，即全导入）。选择需要导入的县域列表时，可通过其下的"全选""反选"按钮来辅助选择。点击"全选"是将所有县域都选中，点击"反选"则是将已选中的变为不选中，未选中的改为已选中。

在"县域上报数据批量导入"界面中选择完导入数据县域后，点击"导入"按钮，若所选县域列表中有些县域以前已导入过数据，则弹出如下"是否覆盖已有数据"提示框，并将已存数据的县域名称列于列表框中，如图 293 所示。若没有已导入过数据的县域，则跳过此界面，直接进入数据导入进度框界面。

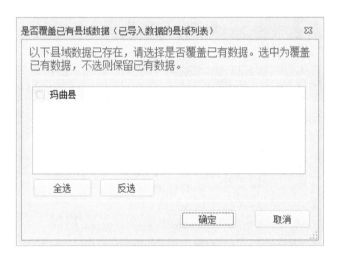

图 293 是否覆盖设置

在"是否覆盖已有数据"界面中，若要覆盖已有数据，则选中该县域前的复选框，否则不选中（默认为未选中，即不覆盖）。在该界面中，若需要确认是否覆盖的县域较多，可通过"全选"和"反选"按钮来快速选取。

在"是否覆盖已有数据"界面中，设定完要覆盖的县域列表后，点击"导入"按钮，则按顺序导入已选中的县域上报数据，并弹出数据导入进度界面，如图 294 所示，在导入过程中，将提示导入进度以及导入日志。在导入过程中，可点击"终止"按钮随时终止导入过程，也可勾选"完成后自动关闭本执行进度窗口？"，在完成导入过程后自动关闭该导入进度框。

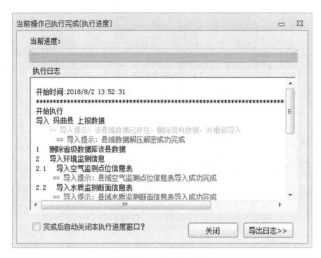

图 294　导入进度

导入完成后，系统会在执行日志中提示执行完成，并提示所用时间等信息，如图 295 所示。可通过"导出日志"按钮将执行日志导出为文本文件（*.txt）。

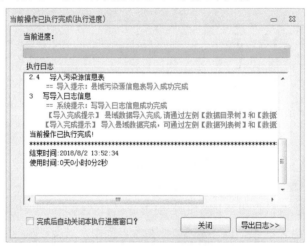

图 295　导入完成提示

导入完成后，左侧数据目录树中对应的所有导入数据的县节点下将加入该县域上报数据目录列表，可通过点击相应的文件或表节点查看该县域的填报数据。

3.4.1.3　县域上报数据浏览

1）县域数据目录

县域上报数据导入后，可以在左侧目录树查看。如图 296 所示，显示玛曲县的县域数据节点信息。

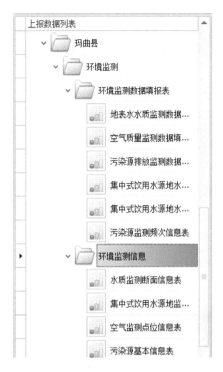

图 296　县域数据目录结构

显示为 ⌄📁 的节点表示该节点下有数据，点击该节点即可展开/收起该节点。

节点图标及含义索引见表 50。

表 50　目录树节点图标及含义

图标	含义
⌄📁	非空节点
📁	空节点
📊	数据填报表

对于非文件夹节点，可以直接点击节点，并在右侧数据显示区显示数据。

2）数据浏览

如图 297 所示，为填报数据显示样式。如果表格中有照片字段，则在表格中显示照片的缩略图，如果照片不存在，则显示"无图像"字样；如果表格中有文档相关字段，则在表格中显示为超级链接。

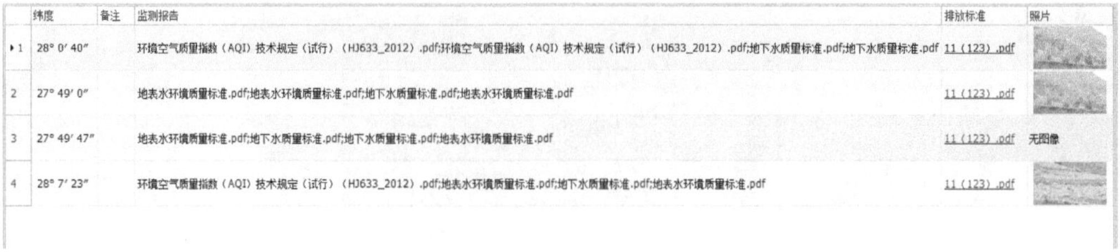

	纬度	备注	监测报告	排放标准	照片
▶ 1	28° 0′ 40″		环境空气质量指数（AQI）技术规定（试行）（HJ633_2012）.pdf;环境空气质量指数（AQI）技术规定（试行）（HJ633_2012）.pdf;地下水质量标准.pdf;地下水质量标准.pdf	11（123）.pdf	
2	27° 49′ 0″		地表水环境质量标准.pdf;地表水环境质量标准.pdf;地下水质量标准.pdf;地表水环境质量标准.pdf	11（123）.pdf	
3	27° 49′ 47″		地表水环境质量标准.pdf;地下水质量标准.pdf;地表水环境质量标准.pdf	11（123）.pdf	无图像
4	28° 7′ 23″		环境空气质量指数（AQI）技术规定（试行）（HJ633_2012）.pdf;地表水环境质量标准.pdf;地下水质量标准.pdf;地表水环境质量标准.pdf	11（123）.pdf	

图 297　横向表格数据

　　点击单元格中的缩略图，则弹出如图 298 所示的图片查看界面。若有多张照片，可以点击"前一张""后一张"导航浏览。

图 298　图片查看界面

　　点击单元格中的超级链接，则弹出如图 299 所示的附件查看界面。如有多个附件则可以点击"前一个""后一个"导航查看。

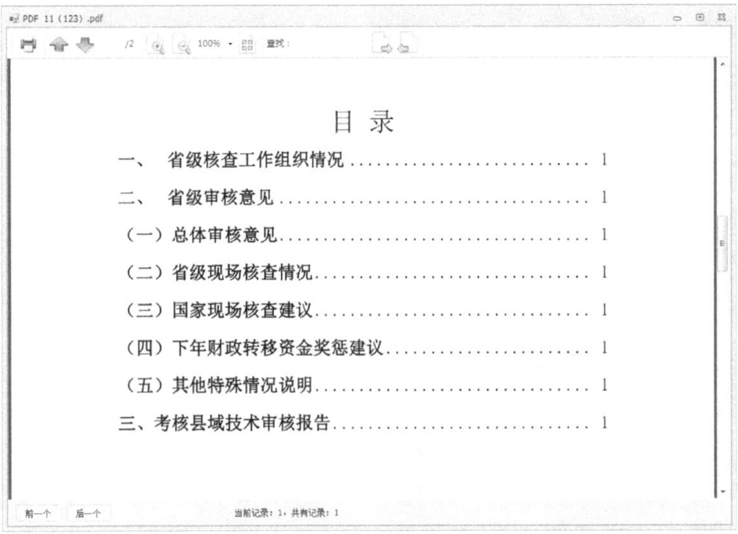
PDF 11 (123) .pdf

目 录

一、　省级核查工作组织情况 1
二、　省级审核意见 1
（一）总体审核意见 1
（二）省级现场核查情况 1
（三）国家现场核查建议 1
（四）下年财政转移资金奖惩建议 1
（五）其他特殊情况说明 1
三、考核县域技术审核报告 1

前一个　后一个　当前记录：1，共有记录：1

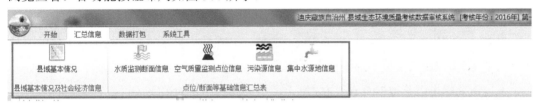

图 299　附件查看界面

3.4.1.4　汇总信息

部分或全部县域数据导入后，可查看已导入县域的监测数据的汇总信息，“汇总信息”菜单面板中主要提供考核县域基本情况及社会经济情况信息、点位/断面辅助信息的浏览查看。各功能按钮布局如图 300 所示。

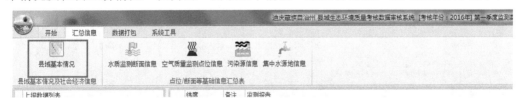

图 300　汇总信息菜单面板

1）县域基本情况汇总表浏览

县域基本情况信息汇总表是指县域基本情况和县域社会经济情况，可通过“县域基本情况及社会经济情况”栏内的“县域基本情况”来查看浏览，布局如图 301 所示。

图 301　县域基本情况功能按钮

操作步骤：

点击"汇总信息"菜单"县域基本情况及社会经济情况"栏内的"县域基本情况"按钮，则弹出如图302所示的数据浏览界面，并在界面中以表格的形式显示已上报县域基本情况汇总信息。

县（市、旗、区）名称	县（市、旗、区）代码	所在州、市	所在生态功能区	功能区类型	是否南水北调水源地
永登县	620121	兰州市	祁连山冰川与水源涵养生态	水源涵养功能区	否
皋兰县	620122	兰州市	无	土壤保持功能区	否
榆中县	620123	兰州市	无	土壤保持功能区	否
永昌县	620321	金昌市	祁连山冰川与水源涵养生态	水源涵养功能区	否
平川区	620403	白银市	无	土壤保持功能区	否
靖远县	620421	白银市	无	土壤保持功能区	否
会宁县	620422	白银市	黄土高原丘陵沟壑水土保持	土壤保持功能区	否
景泰县	620423	白银市	无	土壤保持功能区	否
秦州区	620502	天水市	无	生物多样性维护	否
麦积区	620503	天水市	无	生物多样性维护	否
清水县	620521	天水市	无	生物多样性维护	否
秦安县	620522	天水市	无	土壤保持功能区	否
甘谷县	620523	天水市	无	生物多样性维护	否
武山县	620524	天水市	无	生物多样性维护	否
张家川回族自治县	620525	天水市	黄土高原丘陵沟壑水土保持	土壤保持功能区	否
凉州区	620602	武威市	祁连山冰川与水源涵养生态	水源涵养功能区	否
民勤县	620621	武威市	祁连山冰川与水源涵养生态	水源涵养功能区	否
古浪县	620622	武威市	祁连山冰川与水源涵养生态	水源涵养功能区	否

当前记录 1 of 78

导出为Excel　退出

图302　县域基本情况显示样例

在数据显示页面，可通过左下侧表格操作面板来显示当前记录及总记录条数，并可通过功能按钮实现记录移动及翻页功能。

若需要将当前显示数据导出为Excel表格，则在数据显示界面，点击右下侧的"导出为Excel"按钮来实现当前表格内容的导出，导出格式为Excel文件。

若需要退出汇总数据查看界面，则点击该界面右上角的关闭按钮或右下角的"退出"按钮，汇总数据查看界面消失，返回至系统主界面。

2）点位等辅助信息汇总表

点位等辅助信息汇总表是指各县域填报的水质监测断面、空气监测点位、污染源信息、集中式饮用水水源地的基本信息汇总表。可通过"点位/断面等辅助信息汇总表"栏内的"水质监测断面信息""空气质量监测点位信息""污染源信息""集中水源地信息"四个功能按钮来查看浏览，如图303所示。

图303　辅助信息查看功能按钮

这四个功能操作方式完全相同，只是结果展示的内容不同，下面以"水质监测断面信息"功能为例来说明操作步骤：

点击"汇总信息"菜单"点位/断面等辅助信息汇总表"栏内的"水质监测断面信息"按钮，则弹出如图 304 所示的数据浏览界面，并在界面中以表格的形式显示已上报县域内水质监测断面信息的汇总表。

	县（市、…	县（市、…	河流/湖白…	水质监测…	水质监测…	建立时间	是否湖库	监测类型	监测单位	经度	纬
▶ 1	玛曲县	623025	黄河	黄河桥头	WA6230250	2011/1/1	否	市测	州监测站	102° 4′ 53	33°

当前记录 1 of 1　　　　　　　　　　　　　　　　　　　导出为Excel　　退出

图 304　水质监测断面显示样例

在数据显示页面，可通过左下侧表格操作面板来显示当前记录及总记录条数，并可通过功能按钮实现记录移动及翻页功能。

若需要将当前显示数据导出为 Excel 表格，则在数据显示界面，点击右下侧的"导出为 Excel"按钮来实现当前表格内容的导出，导出格式为 Excel 文件。

若需要退出汇总数据查看界面，则点击该界面右上角的关闭按钮或右下角的"退出"按钮，汇总数据查看界面消失，返回至系统主界面。

3.4.1.5　系统工具

系统工具菜单项提供了两类功能，一是切换系统界面风格；二是数据管理工具，如图 305 红框内所示。切换系统界面风格是改变系统主界面的运行风格，包括颜色、界面样式等。数据管理工具是实现对当前系统中填报数据的备份和恢复。

图 305　系统工具菜单面板

1）系统界面风格切换

系统默认的界面风格为 Office 2010 灰色风格，用户可以根据自己的喜好来切换不同的界面风格。系统提供了常用的两种界面风格（Office 2010 蓝色和 Office 2010 银色），若需要切换至该界面风格，直接点击"系统工具"菜单下"常用界面风格"栏内的相应的界面风格按钮即可。另外，系统还提供了一些非常用的界面风格，其切换操作步骤如下：

①点击"系统工具"菜单下"常用界面风格"栏右下角的下拉按钮，如图 306 红框内所示。

图 306　展开更多界面风格按钮

②系统将弹出所有可供使用的界面风格列表，如图 307 所示。

图 307　更多界面风格列表

③在弹出的界面风格选择下拉框内，双击将要切换至的列表项，则将系统主界面风格切换至该风格。图 308 为切换为"Office 2007 Green"风格后的系统主界面。

图308　Office 2007 Green 风格样式

2）数据管理工具

数据管理工具主要是实现系统内已有县域上报数据的备份和恢复，以防操作系统崩溃时导致数据丢失。

①上报数据备份

建议用户每天做完数据导入或审核操作后，将数据进行一次备份。数据备份操作步骤为：

点击"系统工具"菜单下"数据管理工具"栏内的"上报数据备份"按钮，系统将弹出如图309所示的文件保存路径选择对话框。

图309　数据备份文件

在该对话框中，选中备份文件将存储的目录，在文件名框内输入备份文件名（建议以当前日期为文件名，如：20170815 为 2017 年 8 月 25 日的备份文件），并点击"保存"按钮，系统将对当前系统中的数据进行备份，备份文件的扩展名为 pdb20171，表示 2017年第一季度的数据备份。

②上报数据恢复

当操作系统或是本系统发生崩溃或是无法进入时，可重新安装或是对系统进行初始化操作后，将备份数据恢复至系统数据库中，数据恢复操作的步骤如下：

点击"系统工具"菜单下"数据管理工具"栏内的"上报数据恢复"按钮，系统将弹出如图 310 所示的文件选择对话框。

图 310   选择备份文件对话框

在该对话框中，选中最近时间的备份文件并点击"打开"按钮，系统将弹出如图 311所示的提示框，提示用户是否确实要清除系统中已有数据，并将备份文件中的数据恢复至系统中。

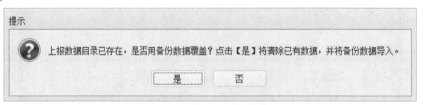

图 311   提示是否覆盖

在提示框中，点击"是"按钮，则将清除已有数据，并将备份数据导入系统中；点击"否"按钮，则退出恢复操作，系统将保留原有数据，并返回系统主界面。

数据恢复完成后，系统将弹出如图 312 所示的提示框，提示数据恢复完成，并可通过"填报数据目录区"进行查看。

图 312 数据恢复完成提示

3.4.1.6 县域右键功能菜单

县域右键菜单通过右键点击"填报数据目录区"中县域名称节点时弹出，如图 313 所示，主要是实现针对所选县域（右键点击县域）的填报数据导入、填报数据清除以及该县域基本信息查看。

图 313 县域右键菜单

1）导入上报数据

该菜单项功能是导入所选县域的填报数据，通过选择外部县域上报的数据包文件来导入。操作步骤如下：

在"填报数据目录区"展开市级节点，并在需要审核的县域名称（确认已导入数据）节点上右键点击，则弹出如图 314 所示的县域右键功能菜单。

图314　导入上报数据菜单项

在弹出的功能菜单中，点击"导入上报数据"菜单项，弹出如图315所示的县域上报文件选择对话框。

图315　上报数据包选取对话框

在文件选择对话框中选择该县域的上报数据包文件，如图315所示，并点击"打开"按钮。若该县域数据以前已导入，则弹出如图316所示的提示框，提示用户是否重新导入。

图316　是否重新导入提示框

　　点击"是"按钮，则进入县域填报数据导入进度提示框（具本操作请参见数据导入功能操作说明）；点击"否"按钮，则退出导入，并返回系统主界面。

　　2）清除上报数据

　　该菜单项功能是清除所选县域的填报数据，若所选县域还未导入数据，则该菜单项不可见。具体操作步骤如下：

　　在"填报数据目录区"展开市级节点，并在需要清除数据的县域名称（确认已导入数据）节点上右键点击，则弹出如图317所示的县域右键功能菜单（注意：若没有导入数据，则该菜单不可见）。

图317　清除上报数据菜单项

　　在弹出的功能菜单中，点击"清除上报数据"菜单项，弹出如图318所示的县域上报清除确认提示框，提示用户是否确实要清除该县域数据。

图318　确认清除提示框

在提示框中，点击"是"按钮，则开始清除该县域数据，系统鼠标状态为等待状态；点击"否"按钮，则不清除，并返回系统主界面。

数据清除完成后，系统鼠标状态恢复正常，且所清除数据县域节点下的数据目录被清空，如图319所示。

图 319　数据清除后县域节点样式

3）县域基本信息

该菜单项是查看所选县域的基本信息，包括名称、编号、所在市、所在生态功能区等信息。具体操作步骤为：

在"填报数据目录区"展开市级节点，并在需要清除数据的县域名称（确认已导入数据）节点上右键点击，则弹出如图320所示的县域右键功能菜单。

图 320　县域基本信息菜单项

在弹出的功能菜单中，点击"县域基本信息"菜单项，则弹出如图321所示县域基本信息显示界面。

县域基本信息	－ □ ▨
县（市、旗、区）名称	玛曲县
县（市、旗、区）代码	
所在州、市	甘南藏族自治州
所在生态功能区	甘南黄河重要水源补给生态功能区
功能区类型	水源涵养功能区
是否南水北调水源地	否

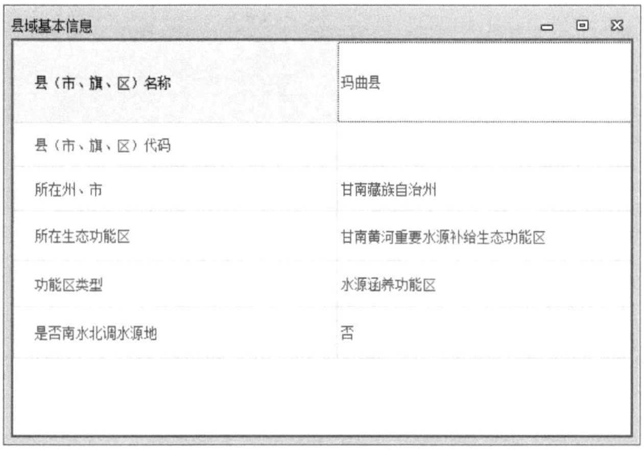

图321　县域基本信息显示界面

3.4.1.7　系统菜单

系统菜单位于功能菜单区左上角的系统图标处,通过点击图标来弹出菜单,如图322所示。该菜单中提供系统帮助和系统的版本信息功能。

图322　系统菜单样式

1）帮助文档

该功能是打开并以主题的方式显示系统帮助文档，操作步骤为：

在系统主界面中，左键点击左上角的系统图标，则弹出如图323所示的系统菜单。

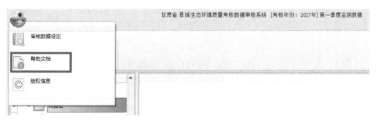

图323　帮助文档菜单项

在弹出的菜单中，点击"帮助文档"菜单项，系统弹出如图 324 所示的系统帮助文档。

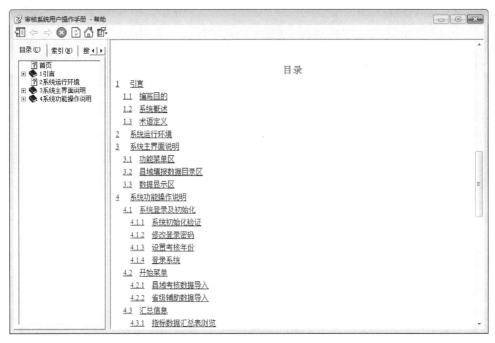

图 324   系统帮助界面

在帮助文档界面，用户可浏览系统帮助文档，并可通过主题查找以及关键字查找的方式快速定位至所关心的文档部分。

2）版权信息

该功能是显示系统版权及版本信息，操作步骤为：

在系统主界面中，左键点击左上角的系统图标，则弹出如图 325 所示的系统菜单。

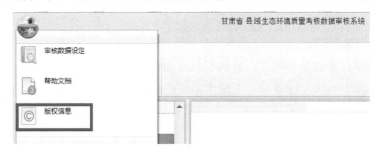

图 325   版权信息菜单项

在弹出的菜单中，点击"版本信息"菜单项，弹出系统版权信息，包括系统名称、版本号、开发单位、使用单位以及版权单位等。

3）退出系统

通过该菜单项退出系统，也可通过系统主界面右上角的关闭按钮，如图 326 所示来退出系统。

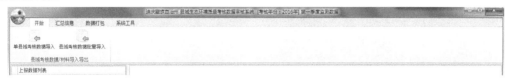

图 326　系统关闭按钮

3.4.2　其他数据系统功能操作说明

功能菜单区的功能菜单和县域填报数据列表区的右键菜单是本系统的主要功能入口，本章将详细说明菜单功能区功能菜单和县域填报数据列表区右键菜单的功能操作。

本章的功能操作说明将按系统功能菜单区的菜单面板来分类详述，不以用户的操作流程及业务习惯来介绍说明。

3.4.2.1　系统登录及初始化

若用户在计算机上对"审核系统"进行了安装，则用户计算机系统桌面上、计算机系统开始菜单中将产生"数据审核系统"的快捷方式，如图 327 所示。若用户未安装，则参照《重点生态功能区县域生态环境质量考核数据审核系统安装手册》来完成系统软件的安装，并进入系统初始化及登录界面工作。系统运行及登录的具体步骤包括系统初始化验证、修改登录密码及登录系统三部分。

图 327　"数据审核系统"桌面及开始菜单快捷方式

1）系统初始化验证

双击桌面上的"数据审核系统"快捷方式或者点击计算机操作系统开始菜单中的"数据审核系统"，则开始运行系统。若在系统安装完成后没有进行系统验证或是验证未成功，则需先进行系统验证，验证步骤如下：

运行系统时，系统弹出如图 328 所示的界面提示是否验证。

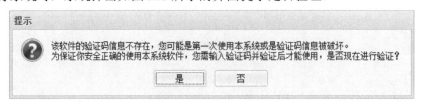

图 328　系统未验证提示

在提示框中，点击"是"按钮，则进入如图 329 所示的系统验证界面；点击"否"按钮，则提示系统未验证，并退出系统登录。

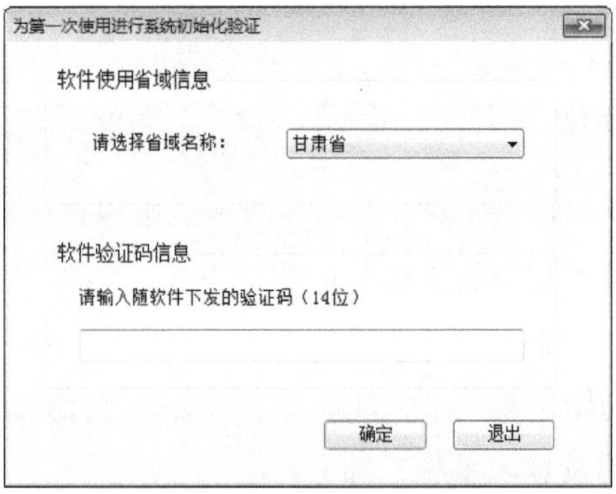

图 329　系统验证界面

在系统验证界面中，如图 329 所示，输入随软件下发的 14 位验证码，若点击"验证"按钮。若所选市域正确且验证码正确，则显示如图 330 所示的验证正确提示信息，提示您系统登录的初始密码，请务必在系统登录前修改。若点击"退出"按钮，则退出验证，系统将提示系统没有验证，并提示退出系统。

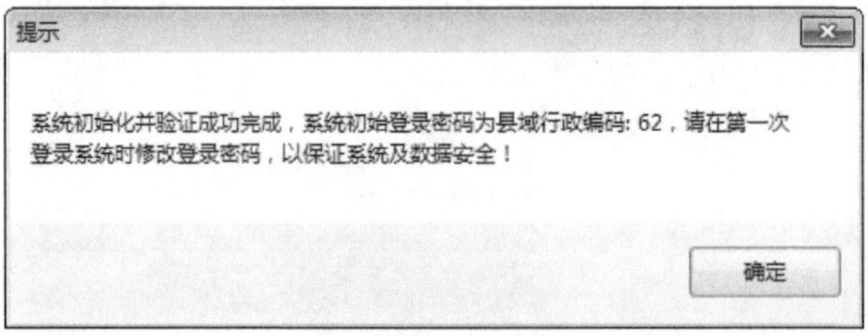

图 330　验证成功提示

点击提示框的"确定"按钮，则进入系统登录界面。

注：软件验证码随安装光盘一起下发，一般贴于光盘封面上，若没有或是丢失，请联系系统开发商获取新的验证码。

2）修改登录密码

系统初始化时，将系统的登录密码设为省的两位行政编码。为保证数据及系统安全，建议在第一次使用系统时修改登录密码。步骤如下：

在系统初始化验证成功后，会弹出如图331所示的登录框。

图 331　修改密码

点击"修改密码"按钮，则弹出如图332所示的修改登录密码。

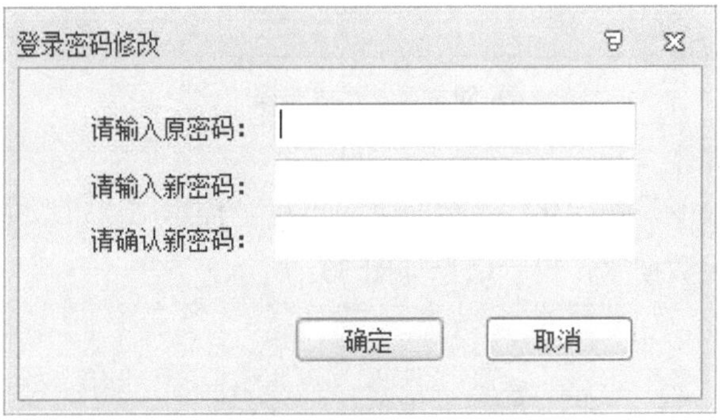

登录密码修改

请输入原密码：
请输入新密码：
请确认新密码：

确定　取消

图 332　登录密码修改

在第一个框中输入原密码，第一次登录时为市域代码，以后再修改时为用户修改过的密码。在第二个框中输入新的密码（密码建议由数字和字母组合而成），然后在第三个框中重新输入新密码，以确认新密码没有输错。

输入完成后，点击"确定"按钮，若原密码没有输错，且新密码与确认密码相同，则弹出如图333所示的修改密码成功提示框；否则提示原密码错误或是新密码与确认密码不匹配错误。

图333　密码修改成功提示框

3）初始化上报数据库

首先选择审核数据的季度（若要审核其他季度的数据只需选择不同的季度即可），输入密码，之后点击"登录"按钮，则开始登录系统，如图334所示。

图334　系统登录

系统第一次登录或是初始化后，会在登录过程中提示用户市级数据库不存在，并引导用户生成市级上报数据库，提示信息如图335所示。

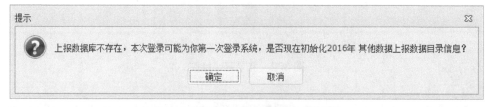

图335　设置市级上报数据库提示框

点击"确定"按钮，则设置市级上报数据库并登录系统。点击"取消"按钮，则无法登录并将退出登录过程。

4）登录系统

设置市级上报数据库成功后，系统将继续登录，登录过程中的界面如图 336 所示。通过红框内的状态提示信息提示系统登录状态。

图 336　登录状态提示

登录完成后，进入如图 337 所示的系统主界面，系统初始化及登录完成。

图 337　系统主界面

3.4.2.2　开始菜单

开始菜单面板中的功能主要是市工作组织情况查看，修改实现县域填报数据的导入，其中县域考核数据导入包括：单县域考核数据导入、多县域考核数据导入，如图 338 所示。

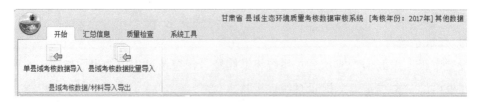

图 338　开始功能菜单面板

县域考核数据导入包括：单县域考核数据导入、多县域考核数据导入两个功能，通过系统主界面中的"单县域考核导入"和"县域考核数据批量导入"两个功能按钮，如图 339 所示来实现。

图 339　县域数据导入功能按钮

单县域考核数据导入是针对目前上报县域较少，将县域上报数据包一个县域一个县域的导入。多县域考核数据导入功能一般是在已有较多县域上报考核数据包的情况下使用，可一次性导入多个县域填报数据。

单县域具体操作步骤如下：

点击"开始"菜单"县域考核数据/材料导入"栏内的"单县域考核数据导入"按钮系统将弹出如图 340 所示的"单县域数据导入"界面。

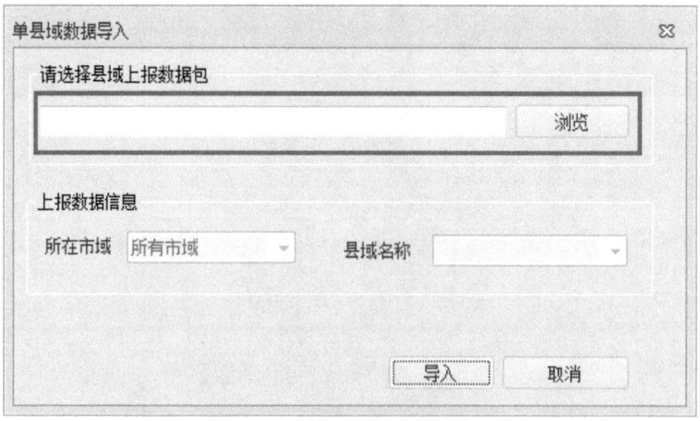

图 340　上报数据包选择界面

在"单县域数据导入"界面中，点击选择县域上报数据包的"浏览"，则弹出数据包文件选取对话框，如图 341 所示。

图 341　数据包选择对话框

在文件选择对话框中，选中需要导入的县域上报文件包[文件名格式为：年份（4位）-县名称-县代码（6 位数字）-其他数据.crf，如：2017-永登县-620121-其他数据.crf]，点击"打开"按钮，则该文件将选择至县域上报数据包下的文本框内，同时系统将根据文件名，在上报数据信息中显示该数据包的上报县域所在市及县或称，如图 342 所示。

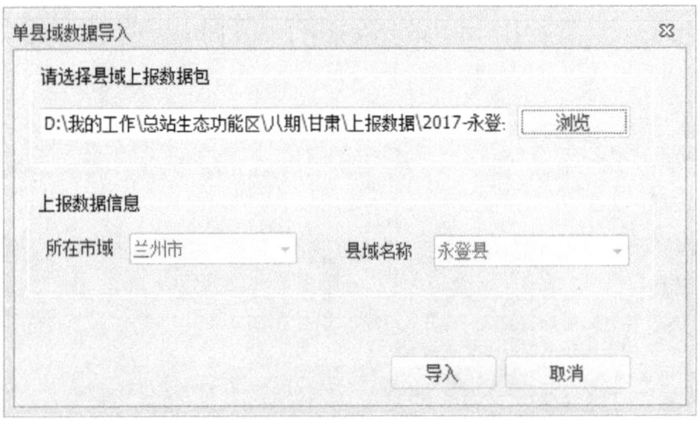

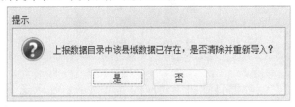

图 342　选择数据包后的界面

在"单县域数据导入"界面中，点击"导入"按钮，若该县域数据以前已导入，则弹出如图 343 所示的提示框，提示用户是否重新导入。

图 343　是否重新导入提示框

在提示框中，点击"是"按钮，则弹出数据导入进度界面，如图 344 所示，在导入过程中，将显示导入步骤、进度以及导入状态日志。在导入过程中，可随时点击"终止"按钮终止导入过程，也可勾选"完成后自动关闭本执行进度窗口？"，在完成导入过程后自动关闭该导入进度框。

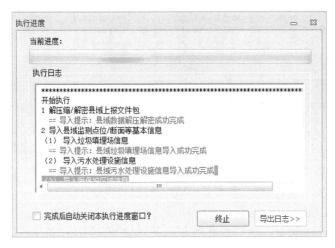

图 344　导入过程

导入完成后，系统会在执行日志中提示执行完成，并提示所用时间等信息，如图 345 所示。导入结束后，可通过"导出日志"按钮将执行日志导出为文本文件（*.txt）以进行进一步的分析。

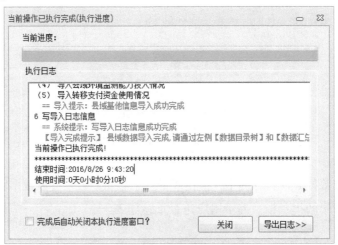

图 345　导入完成

导入完成后，在左侧数据目录树中对应的县节点下将加入该县导入的数据目录列表，可通过点击相应的文件或表节点查看该县域的填报数据。

多县域考核数据导入具体操作步骤如下：

点击"开始"菜单"县域考核数据/材料导入"栏内"县域考核数据批量导入"按钮，系统将弹出如图346所示的"县域上报数据批量导入"界面。

图346　上报数据包目录选取

在"县域上报数据批量导入"界面中，点击选择县域上报数据所在目录下的"浏览"按钮，则弹出文件目录选取对话框，如图347所示。

图347　上报数据目录选择对话框

在文件目录选择对话框中，选中县域上报数据包文件所在的目录（需将各县域上报数据包拷贝至该目录），点击"确定"按钮，则该文件目录名将显示于县域上报数据目录的文本框内，同时将该目录所有上报数据包文件对应的县域名称及编码列于"上报数据县域列表"框内（注意：若目录内包含的上报数据包不为考核年份或季度的，则不列于此框中），如图 348 所示。

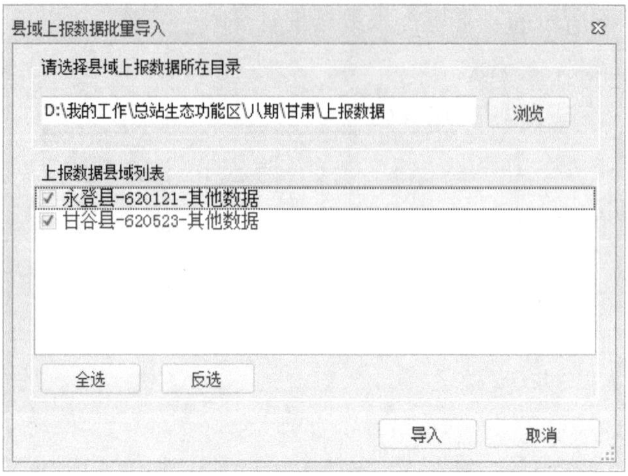

图 348　导入县域选择

在"县域上报数据批量导入"界面的上报数据县域列表中，通过各县域名称前面的复选框来选择是否导入该县域数据，若导入，则选中，否则不选中（默认为全选中，即全导入）。选则需要导入的县域列表时，可通过其下的"全选""反选"按钮来辅助选择。点击"全选"是将所有县域都选中，点击"反选"则是将已选中的变为不选中，未选中的改为已选中。

在"县域上报数据批量导入"界面中选择完导入数据县域后，点击"导入"按钮，若所选县域列表中有些县域以前已导入过数据，则弹出如下"是否覆盖已有数据"提示框，并将已存数据的县域名称列于列表框中，如图 349 所示。若没有已导入过数据的县域，则跳过此界面，直接进入数据导入进度框界面。

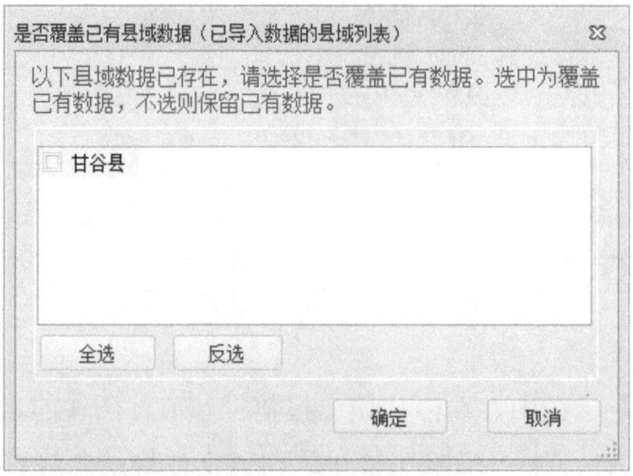

图 349　是否覆盖设置

在"是否覆盖已有数据"界面中，若要覆盖已有数据，则选中该县域前的复选框，否则不选中（默认为未选中，即不覆盖）。在该界面中，若需要确认是否覆盖的县域较多，可通过"全选"和"反选"按钮来快速选取。

在"是否覆盖已有数据"界面中，设定完要覆盖的县域列表后，点击"导入"按钮，则按顺序导入已选中的县域上报数据，并弹出数据导入进度界面，如图 350 所示，在导入过程中，将提示导入进度以及导入日志。在导入过程中，可点击"终止"按钮随时终止导入过程，也可勾选"完成后自动关闭本执行进度窗口？"，在完成导入过程后自动关闭该导入进度框。

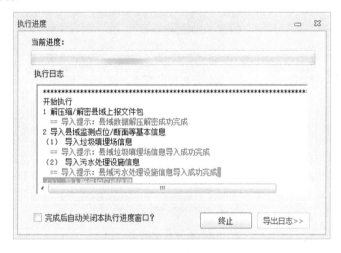

图 350　导入进度

导入完成后，系统会在执行日志中提示执行完成，并提示所用时间等信息，如图 351 所示。可通过"导出日志"按钮将执行日志导出为文本文件（*.txt）。

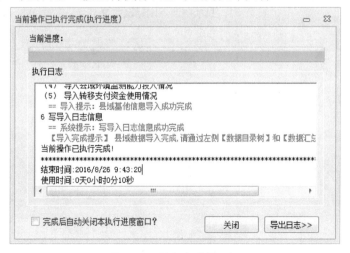

图 351　导入完成提示框

导入完成后，左侧数据目录树中对应的所有导入数据的县节点下将加入该县域上报数据目录列表，可通过点击相应的文件或表节点查看该县域的填报数据。

3.4.2.3　县域上报数据浏览

1）县域数据目录

县域上报数据导入后，可以在左侧目录树查看。如图 352 所示，显示甘谷县的县域数据节点信息。

图 352　县域数据目录结构

显示为 🗀 的节点表示该节点下有数据，点击该节点即可展开/收起该节点。节点图标及含义索引如表 51 所示。

表 51　目录树节点图标及含义

图标	含义
⌄🗀	非空节点
🗀	空节点
📄	证明材料
📄	证明材料不存在
📊	数据填报表
📋	比较数据表

图标	含义
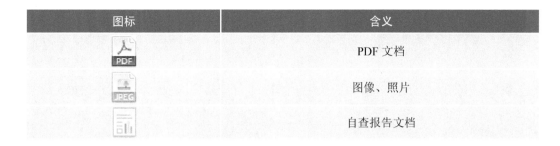	PDF 文档
	图像、照片
	自查报告文档

对于非文件夹节点，可以直接点击节点，并在右侧数据显示区显示数据。

2）县域数据浏览

如图 353 所示，为证明材料显示样式。

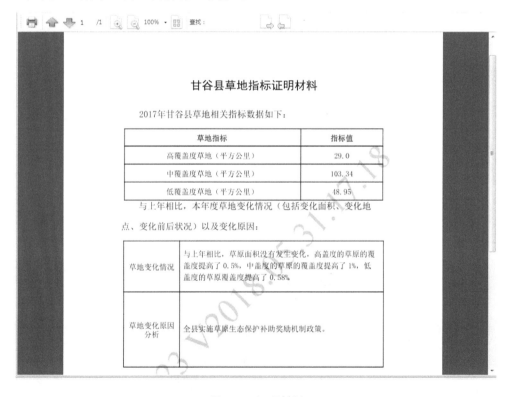

图 353　证明材料

如图 354 所示，为填报数据显示样式。如果表格中有照片字段，则在表格中显示照片的缩略图，如果照片不存在，则显示"无图像"字样；如果表格中有文档相关字段，则在表格中显示为超级链接。

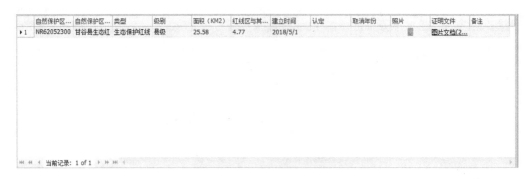

图 354　横向表格数据

点击单元格中的缩略图，则弹出如图 355 所示的图片查看界面。若有多张照片，可以点击"前一张""后一张"导航浏览。

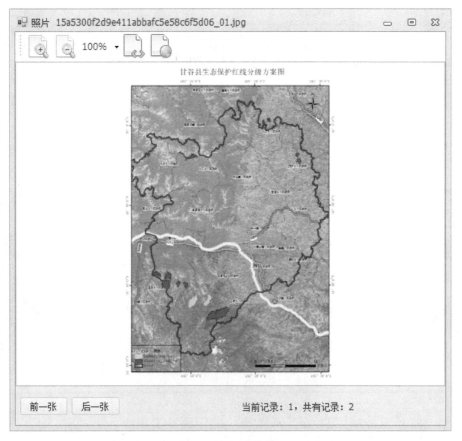

图 355　图片查看界面

点击单元格中的超级链接，则弹出附件查看界面，如图 355 所示。如有多个附件则可以点击"前一个""后一个"导航查看。

PDF 草地指标证明材料.pdf
/2
100%
查找：
草地指标
指标值
高覆盖度草地（km2）
33.71
中覆盖度草地（km2）
81.21
低覆盖度草地（km2）
149.23
与上年相比，本年度草地变化情况（包括变化面积、变化地点、变化前后状况）以及变化原因：
草地变化情况
中、低覆盖度草地较上年面积明细增加
草地变化原因分析
草地变化的主要原因是当地人民对于草地的保护以及新的政策的影响。
前一个
后一个
当前记录：1，共有记录：1

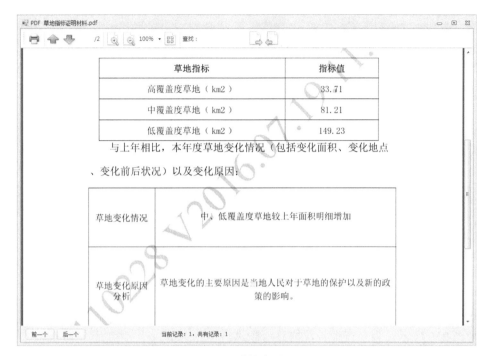

图 356　附件查看界面

如图 357 所示，为比较数据显示样式。

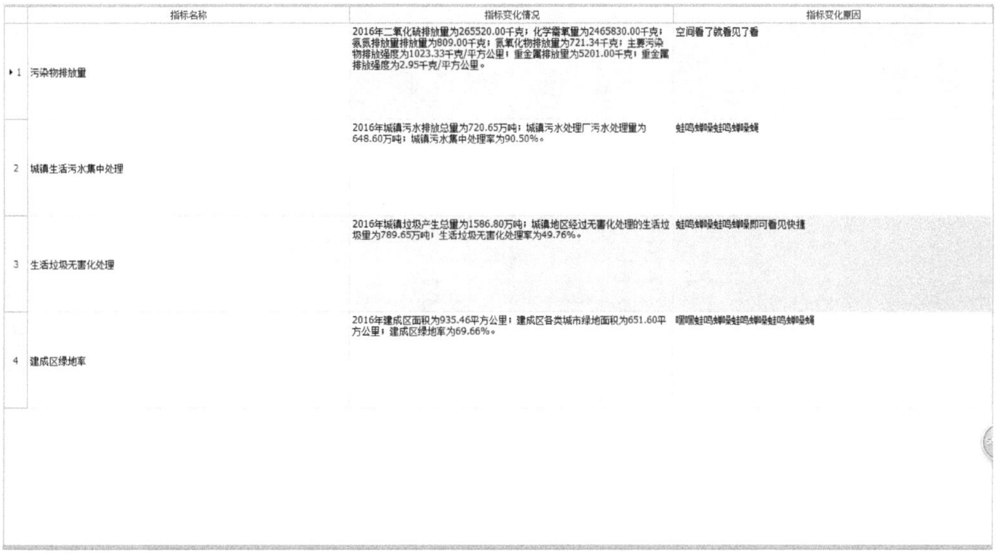

指标名称
指标变化情况
指标变化原因
1 污染物排放量
2016年二氧化硫排放量为265520.00千克；化学需氧量为2465830.00千克；氨氮排放量排放量为809.00千克；氮氧化物排放量为721.34千克；主要污染物排放强度为1023.33千克/平方公里；重金属排放量为5201.00千克；重金属排放强度为2.95千克/平方公里。
空间看了就看见了看
2 城镇生活污水集中处理
2016年城镇污水排放总量为720.65万吨；城镇污水处理厂污水处理量为648.60万吨；城镇污水集中处理率为90.50%。
蛙鸣蝉噪蛙鸣蝉噪蜗
3 生活垃圾无害化处理
2016年城镇垃圾产生总量为1586.80万吨；城镇地区经过无害化处理的生活垃圾量为789.65万吨；生活垃圾无害化处理率为49.76%。
蛙鸣蝉噪蛙鸣蝉噪即可看见快捷
4 建成区绿地率
2016年建成区面积为935.46平方公里；建成区各类城市绿地面积为651.60平方公里；建成区绿地率为69.66%。
嘿嘿蛙鸣蝉噪蛙鸣蝉噪蛙鸣蝉噪蜗

图 357　指标比较数据

如图 358 所示，为图档资料显示样式。

图 358　图档资料显示样式

如图 359 所示，为自查报告数据显示样式。

图 359　自查报告显示样式

3.4.2.4　汇总信息

部分或全部县域数据导入后，可查看已导入县域的指标及相关辅助数据的汇总信息，"汇总信息"菜单面板中主要提供指标数据汇总表、考核县域基本情况及社会经济情况信息、点位信息的浏览查看。各功能按钮布局如图 360 所示。

图 360　汇总信息菜单面板

1）指标数据汇总表浏览

指标数据汇总表是指自然生态指标数据汇总表，通过点击"汇总信息"菜单下的"指标汇总表"栏中的"自然生态指标"来浏览，布局如图 361 所示。

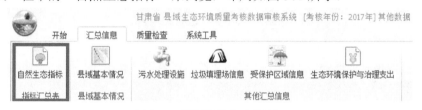

图 361　指标汇总表功能按钮

这两个功能的操作步骤完全相同，只是开始时所点击按钮不同，下面是其操作步骤：

点击"汇总信息"菜单"指标汇总表"栏内的"自然生态指标"按钮，则弹出如图 362 所示的指标数据浏览界面，并在界面中以表格的形式显示已上报县域数据的汇总指标信息。

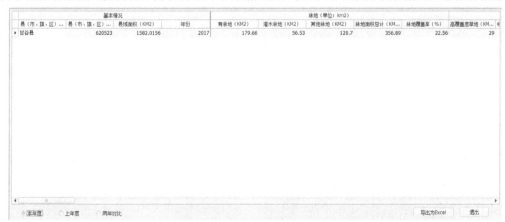

图 362　自然生态指标汇总表样式

若需要将当前显示数据导出为 Excel 表格，则在数据显示界面，点击右下侧的"导出为 Excel"按钮，则弹出如图 363 所示的文件保存按钮。

图 363　导出文件名设置对话框

在文件保存对话框中，输入将保存的文件名，点击"保存"按钮，则将当前表格内容保存为 Excel 文件。

若需要退出汇总数据查看界面，则点击该界面右上角的关闭按钮或右下角的"退出"按钮，汇总数据查看界面消失，返回至系统主界面。

2）县域基本情况汇总表浏览

县域基本情况信息汇总表可通过"县域基本情况及社会经济情况"栏内的"县域基本情况"功能按钮来查看浏览，布局如图 364 所示。

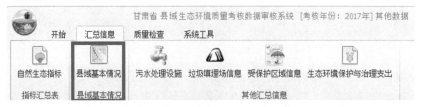

图 364　县域基本情况功能按钮

点击"汇总信息"菜单"县域基本情况及社会经济情况"栏内的"县域基本情况"按钮，则弹出如图 365 所示的数据浏览界面，并在界面中以表格的形式显示已上报县域基本情况汇总信息。

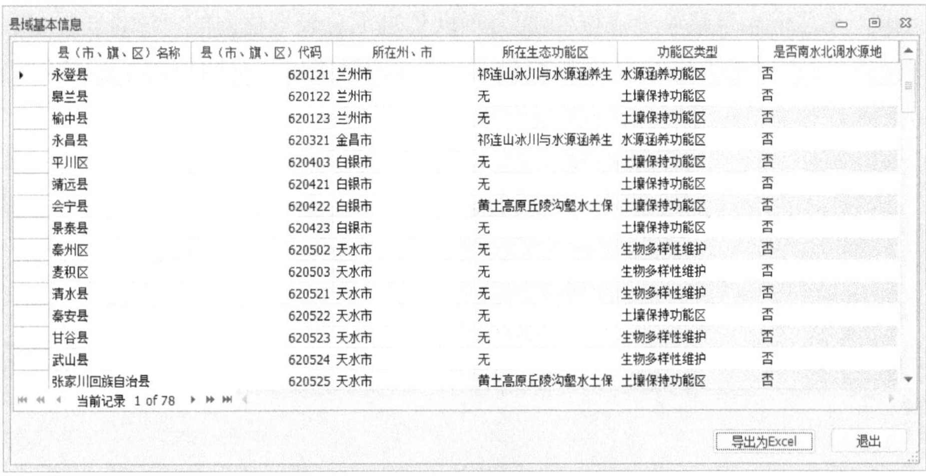

县（市、旗、区）名称	县（市、旗、区）代码	所在州、市	所在生态功能区	功能区类型	是否南水北调水源地
永登县	620121	兰州市	祁连山冰川与水源涵养生	水源涵养功能区	否
皋兰县	620122	兰州市	无	土壤保持功能区	否
榆中县	620123	兰州市	无	土壤保持功能区	否
永昌县	620321	金昌市	祁连山冰川与水源涵养生	水源涵养功能区	否
平川区	620403	白银市	无	土壤保持功能区	否
靖远县	620421	白银市	无	土壤保持功能区	否
会宁县	620422	白银市	黄土高原丘陵沟壑水土保	土壤保持功能区	否
景泰县	620423	白银市	无	土壤保持功能区	否
秦州区	620502	天水市	无	生物多样性维护	否
麦积区	620503	天水市	无	生物多样性维护	否
清水县	620521	天水市	无	生物多样性维护	否
秦安县	620522	天水市	无	土壤保持功能区	否
甘谷县	620523	天水市	无	生物多样性维护	否
武山县	620524	天水市	无	生物多样性维护	否
张家川回族自治县	620525	天水市	黄土高原丘陵沟壑水土保	土壤保持功能区	否

当前记录 1 of 78

导出为Excel　退出

图 365　县域基本情况显示样例

在数据显示页面，可通过左下侧表格操作面板来显示当前记录及总记录条数，并可通过功能按钮实现记录移动及翻页功能。

若需要将当前显示数据导出为 Excel 表格，则在数据显示界面，点击右下侧的"导出为 Excel"按钮来实现当前表格内容的导出，导出格式为 Excel 文件。

若需要退出汇总数据查看界面，则点击该界面右上角的关闭按钮或右下角的"退出"按钮，汇总数据查看界面消失，返回至系统主界面。

3）点位/断面等辅助信息汇总表

点位/断面等辅助信息汇总表是指各县域填报的污水处理设施、垃圾填埋场、受保护区域、生态建设工程（项目）情况、转移支付资金使用等设施的基本信息汇总表。可通过"点位/断面等辅助信息汇总表"栏内的"污水处理设施""垃圾填埋场信息""受保护区域信息""生态建设工程（项目）情况""转移支付资金使用"五个功能按钮来查看浏览，如图 366 所示。

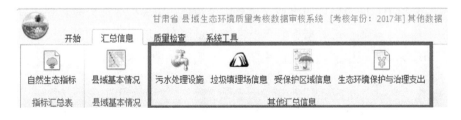

图 366　辅助信息查看功能按钮

这五个功能操作方式完全相同，只是结果展示的内容不同，下面以"受保护区域信息"功能为例来说明操作步骤：

点击"汇总信息"菜单"点位/断面等辅助信息汇总表"栏内的"受保护区域信息"按钮，则弹出如图 367 所示的数据浏览界面，并在界面中以表格的形式显示已上报县域内受保护区域信息的汇总表。

	县（市、…	县（市、…	自然保护…	自然保护…	类型	级别	面积（KM…	红线区与…	建立时间	备注
▶ 1	甘谷县	620523	甘谷县生态	NR62052300	生态保护红	县级	25.58	4.77	2018/5/1	

图 367　受保护区域信息显示样例

在数据显示页面，可通过左下侧表格操作面板来显示当前记录及总记录条数，并可通过功能按钮实现记录移动及翻页功能。

若需要将当前显示数据导出为 Excel 表格，则在数据显示界面，点击右下侧的"导出为 Excel"按钮来实现当前表格内容的导出，导出格式为 Excel 文件。

若需要退出汇总数据查看界面，则点击该界面右上角的关闭按钮或右下角的"退出"按钮，汇总数据查看界面消失，返回至系统主界面。

3.4.2.5　质量检查

在部分县域或所有县域填的数据上报并导入系统后，即可进行质量检查。质量检查主要是针对县域填报的指标证明材料、自然生态指标、生态环境保护与管理、与上年指标比较说明信息、基础信息数据、自查报告的质量检查。质量检查功能主要是通过"质量检查"功能菜单面板中的功能按钮来实现，其布局如图 368 所示。

图 368　质量检查菜单面板

质量检查功能按其功用分为两类：按县域检查、数据分项检查。

1）按县域检查

按县域检查是选择需检查县域，批量检查该县域内所有填报数据的质量，具体分为单县域数据质量检查和多县域数据质量检查，通过"按县域检查"栏内的"单县域检查"和"多县域检查"两个功能按钮，如图369所示来实现。

图369　按县域检查功能按钮

两个功能的执行功能和步骤基本相同，只是"单县域检查"在选择检查县域时只能选择一个县域，"多县域检查"可以选择多个县域，下面以"多县域检查"为例来介绍具体操作步骤：

点击"质量检查"菜单下"按县域检查"栏内的"多县域检查"按钮，系统将弹出如图370所示的县域选择及检查输出结果保存路径选取的对话框，在该对话框的县域列表框中将显示所有已上报并导入数据的县域名称。通过县域列表框各县域名称前的复选框来选择需要审核的县域（默认为全选中）。若县域较多，可通过县域列表左下方的"全选"和"反选"按钮来辅助选择。

图370　县域选择界面

在县域选择框内，选择完需检查县域列表后，点击"检查"按钮，则进入县域数据质量检查过程，系统将弹出检查进度提示框，如图371所示。

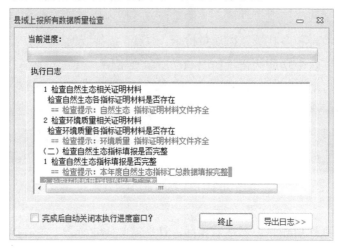

图371　检查进度

系统将依次检查所选各县域填报的指标证明材料、自然生态指标、生态环境保护与管理、与上年指标比较说明信息、基础信息数据、自查报告等内容，在检查过程中，将通过日志的方式动态显示检查提示和结果，如图372所示。

检查结束后，将提示检查结果，如图372所示，并可通过"导出日志"按钮导出检查日志为文本文件。

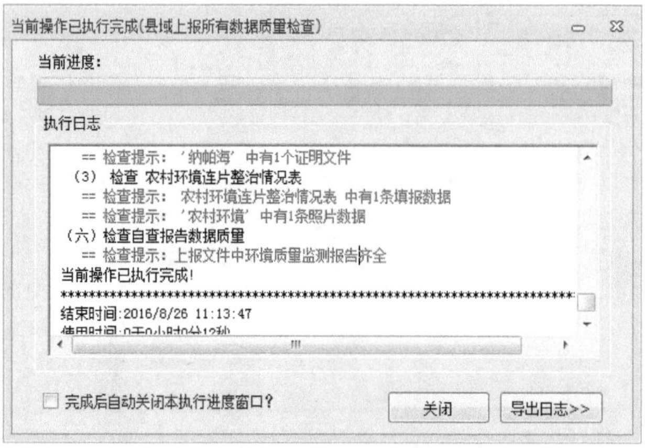

图372　检查完成提示

2）数据分项检查

为了使质量检查更有针对性，系统除提供按县域的批量检查外，还提供了以填报数据项（易出现质量问题的填报数据）为单位的检查，针对所选县域，检查其填报某一类数据的质量，具体包括：指标汇总表、证明材料检查、基础信息表及环境保护与管理信息，通过系统主界面中"数据分项检查"中的四个功能按钮，如图 373 所示来实现："指标汇总表""证明材料检查""基础信息表""环境保护与管理"。

图 373　数据分项检查功能按钮

这四个功能针对不同类型数据进行检查，其操作步骤完全相同，只是在执行时所检查的对象不同，下面以"基础信息表"为例来说明其操作步骤：

点击"质量检查"菜单下"数据分项检查"栏内的"基础信息表"按钮，系统将弹出如图 374 所示的县域选择的对话框，在该对话框的县域列表框中将显示所有已上报并导入数据的县域名称。通过县域列表框各县域名称前的复选框来选择需要审核的县域（默认为全选中）。若县域较多，可通过县域列表左下方的"全选"和"反选"按钮来辅助选择。

图 374　检查县域选择界面

在县域选择框内，选择完需检查县域列表后，点击"检查"按钮，则进入县域数据质量检查操作，系统将弹出检查进度提示框，如图 375 所示。

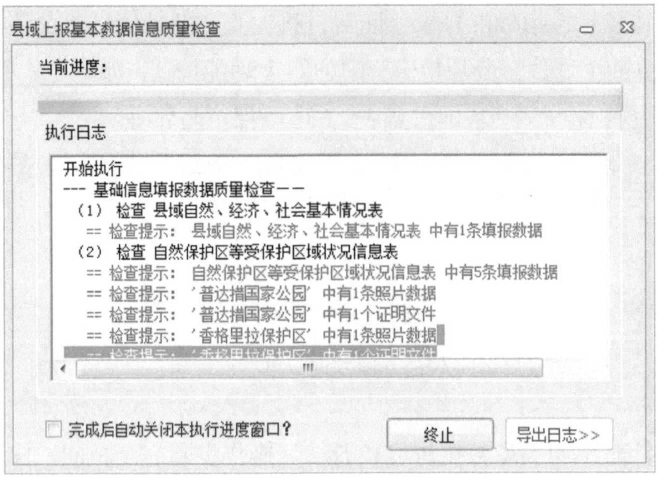

图 375　检查过程

系统将检查所选各县域填报水质监测数据是否存在空值、阈值、单位和日期问题，在检查过程中，将通过日志的方式动态显示检查提示和结果，如图 376 所示。

检查结束后，将提示检查结果，如图 376 所示，并可通过"导出日志"按钮导出检查日志为文本文件。

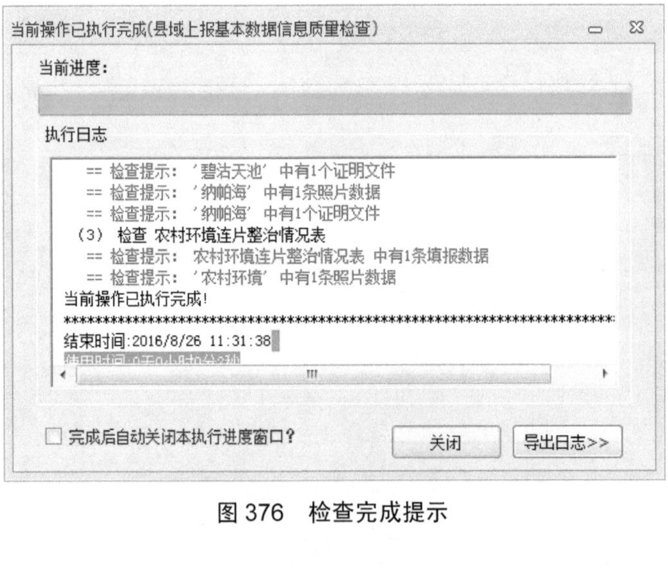

图 376　检查完成提示

3.4.2.6　系统工具

系统工具菜单项提供了两类功能，一是切换系统界面风格；二是数据管理工具，如图 377 所示。切换系统界面风格是改变系统主界面的运行风格，包括颜色、界面样式等。数据管理工具是实现对当前系统中填报数据的备份和恢复。

图 377 系统工具菜单面板

1）系统界面风格切换

系统默认的界面风格为 Office 2010 蓝色风格，用户可以根据自己的喜好来切换不同的界面风格。系统提供了常用的两种界面风格（Office 2010 蓝色和 Office 2010 银色），若需要切换至该界面风格，直接点击"系统工具"菜单下"常用界面风格"栏内的相应的界面风格按钮即可。另外，系统还提供了一些非常用的界面风格，其切换操作步骤如下：

①点击"系统工具"菜单下"常用界面风格"栏右下角的下拉按钮，如图 378 红框内所示。

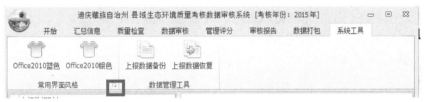

图 378 展开更多界面风格按钮

②系统将弹出所有可供使用的界面风格列表，如图 379 所示。

图 379 更多界面风格列表

③在弹出的界面风格选择下拉框内，双击将要切换至的列表项，则将系统主界面风格切换至该风格。图 380 为切换为"Office 2007 Green"风格后的系统主界面。

图 380　Office 2007 Green 风格样式

2）数据管理工具

数据管理工具主要是实现系统内已有县域上报数据的备份和恢复，以防操作系统崩溃时导致数据丢失。

（1）上报数据备份。

建议用户每天做完数据导入或审核操作后，将数据进行一次备份。数据备份操作步骤为：

点击"系统工具"菜单下"数据管理工具"栏内的"上报数据备份"按钮，系统将弹出如图 381 所示的文件保存路径选择对话框。

图 381　数据备份文件

在该对话框中，选中备份文件将存储的目录，在文件名框内输入备份文件名（建议以当前日期为文件名，如：20170826 为 2017 年 8 月 26 日的备份文件），并点击"保存"按钮，系统将对当前系统中的数据进行备份，备份文件的扩展名为 pdb20170，表示 2017年其他数据备份。

（2）上报数据恢复

当操作系统或是本系统发生崩溃或是无法进入时，可重新安装或是对系统进行初始化操作后，将备份数据恢复至系统数据库中，数据恢复操作的步骤如下：

点击"系统工具"菜单下"数据管理工具"栏内的"上报数据恢复"按钮，系统将弹出如图 382 所示的文件选择对话框。

图 382　选择备份文件对话框

在该对话框中，选中最近时间的备份文件并点击"打开"按钮，系统将弹出如图 383所示的提示框，提示用户是否确实要清除系统中已有数据，并将备份文件中的数据恢复至系统中。

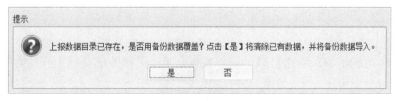

图 383　提示是否覆盖

在提示框中，点击"是"按钮，则将清除已有数据，并将备份数据导入系统中；点击"否"按钮，则退出恢复操作，系统将保留原有数据，并返回系统主界面。

数据恢复完成后，系统将弹出如图 384 所示的提示框，提示数据恢复完成，并可通过"填报数据目录区"进行查看。

图 384　数据恢复完成提示

3.4.2.7　县域右键功能菜单

县域右键菜单通过右键点击"填报数据目录区"中县域名称节点时弹出，如图 385 所示，主要是实现针对所选县域（右键点击县域）的填报填报数据导入、填报数据清除以及该县域基本信息查看。

图 385　县域右键菜单

1）导入上报数据

该菜单项功能是导入所选县域的填报数据，通过选择外部县域上报的数据包文件来导入。操作步骤如下：

在"填报数据目录区"展开市级节点，并在需要审核的县域名称（确认已导入数据）节点上右键点击，则弹出如图 386 所示的县域右键功能菜单。

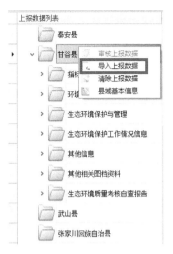

图 386　导入上报数据菜单项

在弹出的功能菜单中，点击"导入上报数据"菜单项，弹出如图 387 所示的县域上报文件选择对话框。

图 387　上报数据包选取对话框

在文件选择对话框中选择该县域的上报数据包文件，如图 387 所示，并点击"打开"按钮。若该县域数据以前已导入，则弹出如图 388 所示的提示框，提示用户是否重新导入。

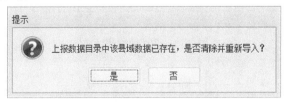

图 388　是否重新导入提示框

点击"是"按钮，则进入县域填报数据导入进度提示框（具本操作请参见数据导入功能操作说明）；点击"否"按钮，则退出导入，并返回系统主界面。

2）清除上报数据

该菜单项功能是清除所选县域的填报数据，若所选县域还未导入数据，则该菜单项不可见。具体操作步骤如下：

在"填报数据目录区"展开市级节点，并在需要清除数据的县域名称（确认已导入数据）节点上右键点击，则弹出如图389所示的县域右键功能菜单（注意：若没有导入数据，则该菜单不可见）。

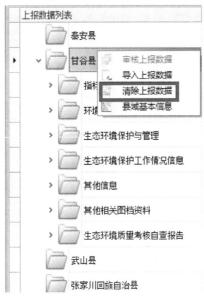

图389　清除上报数据菜单项

在弹出的功能菜单中，点击"清除上报数据"菜单项，弹出如图390所示的县域上报清除确认提示框，提示用户是否确实要清除该县域数据。

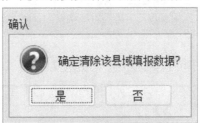

图390　确认清除提示框

在提示框中，点击"是"按钮，则开始清除该县域数据，系统鼠标状态为等待状态；点击"否"按钮，则不清除，并返回系统主界面。

数据清除完成后，系统鼠标状态恢复正常，且所清除数据县域节点下的数据目录被清空，如图391所示。

图391 数据清除后县域节点样式

3）县域基本信息

该菜单项是查看所选县域的基本信息，包括名称、编号、所在市、所在生态功能区等信息。具体操作步骤为：

在"填报数据目录区"展开市级节点，并在需要清除数据的县域名称（确认已导入数据）节点上右键点击，则弹出如图392所示的县域右键功能菜单。

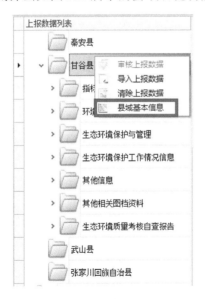

图392 县域基本信息菜单项

在弹出的功能菜单中，点击"县域基本信息"菜单项，则弹出如图393所示县域基本信息显示界面。

図 393　县域基本信息显示界面

3.4.2.8　系统菜单

系统菜单位于功能菜单区左上角的系统图标处,通过点击图标来弹出菜单,如图 394 所示。该菜单中提供系统帮助和系统的版本信息功能。

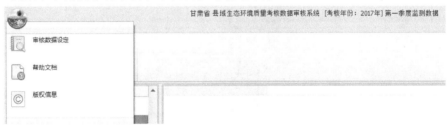

图 394　系统菜单样式

1）帮助文档

该功能是打开并以主题的方式显示系统帮助文档,操作步骤为:

在系统主界面中,左键点击左上角的系统图标,则弹出如图 395 所示的系统菜单。

图 395　帮助文档菜单项

在弹出的菜单中，点击"帮助文档"菜单项，系统弹出如图 396 所示的系统帮助文档。

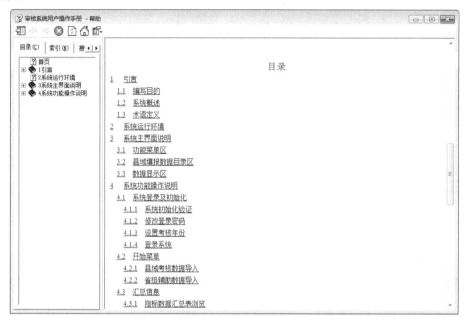

图 396　系统帮助界面

在帮助文档界面，用户可浏览系统帮助文档，并可通过主题查找以及关键字查找的方式快速定位至所关心的文档部分。

2）版权信息

该功能是显示系统版权及版本信息，操作步骤为：

在系统主界面中，左键点击左上角的系统图标，则弹出如图 397 所示的系统菜单。

图 397　版权信息菜单项

在弹出的菜单中，点击"版本信息"菜单项，系统弹出系统版权信息，包括系统名称、版本号、开发单位、使用单位以及版权单位等。

3）退出系统

通过该菜单项退出系统，也可通过系统主界面右上角的关闭按钮，如图398所示来退出系统。当系统中有正在运行的操作，如：质量检查、数据审核等，则系统的关闭按钮不可用，只能通过退出系统按钮来退出系统。

图398　系统关闭按钮